सर्ववेदान्तसिद्धान्तगोचरं तमगोचरम् ।
महेशं सच्चिदानन्दं सद्गुरुं प्रणतोऽस्म्यहम् ।।

शं नो देवीरभिष्टयआपो भवन्तु पीतये।
शंयोरभि स्त्रवन्तु नः ॥

(ऋग्वेद १० ।९ ।४)

सुखमय जल हमारे अभीष्ट की प्राप्ति तथा रक्षा के लिए कल्याणकारी हो।
जल हम लोगों पर सुख तथा समृद्धि की वर्षा करें।

शं त आपो हैमवतीः शमु ते सन्तूत्स्याः।
शं ते सनिष्यदा आपः शमु ते सन्तु वर्ष्याः ॥

(अथर्ववेद १० ।२ ।१)

पर्वत, कूप, नदी और वर्षा के जल का उचित प्रबन्ध पीने, कृषि एवं उद्योगों के लिए करना चाहिए।

जल एवं जन चेतना

(Water and Public Awareness)

डॉ. डी.डी. ओझा
इंजी. एच.एल. चौहान
एवं
इंजी. एस. बी. माथुर

साईन्टिफ़िक पब्लिशर्स (इंडिया)
पो. बॉ. नं. 91 जोधपुर (भारत)

प्रकाशक
पवन कुमार शर्मा
साईन्टिफ़िक पब्लिशर्स (इंडिया)
5-A, न्यू पाली रोड़, पो. बॉ. नं. 91
जोधपुर - 342 001 (भारत)
फोन - 0291-433323
Fax : 0291-512580
E-mail : scienti@sancharnet.in

ISBN : 81-7233-235-1

ISBN:9788172332358
9 788172 332358
Price: 275/-

लेजर टाईपसेट : राजेश ओझा
भारत में मुद्रित

प्राक्कथन

मानव ने अपना जीवन नदियों के किनारे बिताया हैं। इस कारण विश्व की सम्पूर्ण प्राचीन एवं विकसित सभ्यताएँ नदियों के किनारे ही विकसित हुई हैं। जैसे मोहनजोदड़ों की सभ्यता सिंधु नदी पर, चीन की सभ्यता व्हांगो नदी पर, मैसोपोटामिया की सभ्यता जोर्डन नदी पर और मिस्त्र की सभ्यता नील नदी पर। जल के बिना मानव ही क्या संभवतः किसी भी जीव का जीना कठिन है। इसलिए जल सृष्टि के पांच प्रमुख तत्त्वों में से एक है। पृथ्वी पर जीवन एककोशीय जीव के रूप में सर्वप्रथम जल में ही प्रकट हुआ।

वैसे तो पृथ्वी का 70 प्रतिशत हिस्सा पानी अर्थात् हाइड्रोजन एवं ऑक्सीजन के रासायनिक मिश्रण से ढका हुआ है परन्तु यह भी सच है कि उपलब्ध जल का 97 प्रतिशत खारा है, शेष 2 प्रतिशत उत्तरी व दक्षिणी ध्रुवों, पर्वत शिखरों पर जमी बर्फ के रूप में हैं तथा स्वच्छ जल के रूप में मात्र 1 प्रतिशत है। भूमंडल में पानी की उपलब्धता 1 अरब 46 करोड़ घन किलोमीटर हैं, भू गर्भ में 6 करोड़ घन किलोमीटर, ध्रुवों पर जमी बर्फ एवं ग्लेशियर्स के रूप में, 3 करोड़ घन किलोमीटर तथा सतही जल एवं वायुमंडल आर्द्रता के रूप में 1 करोड़ घन किलोमीटर है। विश्व में पीने योग्य पानी की कुल मात्रा 37,500 घन किलोमीटर है। एक आकलन के अनुसार हमारे देश में प्रति व्यक्ति प्रतिदिन पानी की उपलब्धता मात्र 30 लीटर है। जल का स्वास्थ्य से अटूट संबंध होने से कई बार यह संदूषित होने के कारण विभिन्न प्रकार के रोगों का कारक बन जाता है, वही जल शुद्ध एवं स्वच्छ होने पर कई रोगों का शामक भी होता है।

राजस्थान में सम्पूर्ण भारत के भौगोलिक क्षेत्रफल की 10 प्रतिशत भूमि, 5 प्रतिशत जनसंख्या तथा केवल एक प्रतिशत जल-संसाधन उपलब्ध है। अन्वेषण द्वारा ज्ञात हुआ है कि वन्य क्षेत्र घटने के कारण वायु अपरद्दन द्वारा प्रतिदिन मरुस्थल बढ़ने तथा अरावली ह्रास की समस्या से जल समस्या और गंभीर होती जाएगी। प्रदेश में जल संसाधनों के अंधाधुंध दोहन से यहां का एक तिहाई से अधिक भाग जल संसाधनों की दृष्टि से अंधकारमय क्षेत्र में परिवर्तित हो चुका है। देश में वर्षा जल का उपयोग तो वैसे ही सीमित है। हम केवल वर्षा के जल का लगभग 10 प्रतिशत तक ही उपयोग में ला सकते है। शेष वाष्पीकरण, मिट्टी में रिसने तथा धरातलीय होने के कारण हम उपयोग ही नहीं कर सकते हैं।

जल न केवल पीने के काम में आता है, वरन् घरेलू कार्यों, सिंचाई एवं औद्योगिक कार्यों में भी महत्त्वपूर्ण भूमिका निभाता है। अतः हमारी राष्ट्रीय प्रगति के लिये जल एक ऐसा अभिन्न अंग है, जिसकी ओर ध्यान देना हमारा नैतिक कर्त्तव्य हो जाता है। यद्यपि हमारी सरकार हर नागरिक को स्वच्छ पेयजल सुलभ करवाने हेतु सतत् प्रयत्नशील है, परन्तु हम सभी नागरिकों का भी यह नैतिक दायित्व हो जाता है कि हम इस राष्ट्रीय समस्या के समाधान में सरकार की सहायता करें। यह तभी हो सकता है जब हमें जल के बारे में सामान्य जानकारी बोलचाल की भाषा में हो। आज के युग में जल के विषय में वैज्ञानिक जानकारी आम आदमी को होना नितान्त आवश्यक है। इसी उद्देश्य को दृष्टिगत रखते हुए जल के उपभोक्ताओं के लाभार्थ "जल एवं जन चेतना" नामक पुस्तक का लेखन कार्य किया है। इस पुस्तक में आम आदमी के लिये जल से संबंधित सभी पहलुओं यथा- जल के विभिन्न स्रोतों, जल के रोचक तथ्यों, जल एवं जीवन, गुणवत्ता, जल जन्य रोग, जल शुद्धिकरण, जल संग्रहण तथा वैदिक शास्त्रों में जल की उपादेयता संबंधी जानकारी सरल हिन्दी भाषा में सुलभ करवाई गई है। अतः यह आशा की जाती है कि पुस्तक में प्रदत्त जानकारी पाठकगणों को लाभान्वित करेगी।

इस पुस्तक का सफल लेखन एवं प्रकाशन पूज्यपाद आचार्य महामण्डलेश्वर स्वामी श्री महेशानन्दजी गिरि महाराज के आशीर्वाद एवं सद्प्रेरणा से ही हुआ है। अतः यह पुस्तक उन्हीं को सादर समर्पित है। इस पुस्तक के लेखन कार्य में सहयोग हेतु लेखक प्रो. शिवगोपाल मिश्र, इलाहाबाद, प्रो. टी. ए. सिहोरवाला, इंदौर एवं इंजी एस. आर. क्षीरसागर, मुंबई के हृदय से आभारी है। श्री पवनकुमार शर्मा ने इस जनोपयोगी पुस्तक के प्रकाशन में अभिरूचि दिखाई। अतः वे भी धन्यवाद के पात्र है।

डॉ. डी.डी. ओझा
इंजी. एच.एल. चौहान
इंजी. एस.बी. माथुर

विषय सूची

अध्याय 1

जल प्राप्ति के विभिन्न स्त्रोत

जल एक प्राकृतिक पेय पदार्थ है जो हमें कई स्त्रोतों से प्राप्त होता है। जल का प्रमुख स्त्रोत वर्षा ही है किन्तु बाद में वही जल भूमि पर पड़ने पर, या पहाड़ों पर गिरकर बर्फ के रूप में जमने पर और पिघलने पर, उसका कुछ भाग पहाड़ी या मैदानी झीलों, बांधों या तालाबों में जमा हो जाता है, और कुछ नदी-नालों में बहकर समुद्र में जा मिलता है। इस जल को हम भूपृष्ठ जल यानि surface water कहते हैं, जबकि कुछ जल निथरकर भूमि में चला जाता है, जिसे हम भूमिगत जल (under ground water) कहते हैं। जल के विभिन्न स्त्रोतों के बारे में जानकारी निम्नवत् है।

1. वर्षा का जल

वर्षा का जल प्रकृति में उपलब्ध जल में से शुद्धतम किस्म का होता है। यह समुद्र एवं अन्य सतही जल स्त्रोतों से वाष्पीकरण एवं संघनन से उपलब्ध होता है। सामान्यतया इसमें किसी भी प्रकार की अशुद्धियाँ नहीं होती है, परन्तु यह श्रेष्ठ विलायक होने के कारण इसमें विभिन्न वायुमंडलीय गैसें जैसे सल्फर डाइ ऑक्साइड, कार्बन डाइ ऑक्साइड, नाइट्रोजन ऑक्साइड तथा अमोनिया आदि मिलने के कारण यह अम्ल बनाता है जो खड़ी फसलों एवं इमारतों को नुकसान पहुँचाते हैं। कृषि में भी वर्षा जल का अधिकाधिक प्रयोग होता है। यह भूमिगत जल में भी वृद्धि करता है तथा कुओं तथा तालाबों में पानी की आपूर्ति में सहायक होता है।

वर्षा का जल अधिकांशतः मकानों की छतों से एकत्रित किया जाता है तथा पहली वर्षा के बाद मकानों की छतों को अच्छी तरह से धोकर साफ कर लिया जाता है तथा बाद की वर्षा के जल को मकानों में टाकों में भर लिया जाता है। वर्षा जल खाना पकाने, पीने, नहाने एवं कपड़े धोने हेतु उपयुक्त होता है। (चित्र 1.1)

चित्र 1.1- बरसाती टांका

2. नदियों का जल

वर्षा तथा बर्फ के पिघलने से जल पहाड़ों से निरन्तर धारा के रूप में मैदानी क्षेत्र में अनवरत गति से बहता है। इस नदी जल में आरंभ में पहाड़ों की घुलित अशुद्धियाँ ही होती है, परन्तु मैदानी क्षेत्र में पहुँचते -पहुँचते इसमें अघुलित अपद्रव्य बढ़ता जाता है। इसके साथ ही साथ आवास तथा औद्योगिकीकरण के कारण नदी में असंख्य कार्बनिक एवं अकार्बनिक अपद्रव्य, जीवाणु, मल-मूत्र आदि में वृद्धि होती जाती है तथा इसका जल अशुद्ध होता जाता है। नदी के जल में विलयित पदार्थों के अतिरिक्त निलंबित ठोस पदार्थ भी रहते हैं। यह देखा गया है कि नदी जितनी बड़ी होगी उसका बहाव एवं प्रवाह जितना तेज होगा, उतना ही उसका जल शुद्ध होगा। वर्तमान में नदियों द्वारा समुद्र में प्रतिवर्ष 155×10^8 टन ठोस पदार्थ पहुँचते हैं। जिनका संघटन प्रायः मिट्टी जैसा होता है।

3. झीलों का जल

ये पृथ्वी की सतह पर प्राकृतिक रुप से बने हुए जल के भंडार है। इनका पानी शुद्ध, स्वच्छ, मीठा तथा पीने योग्य होता है। इसके अतिरिक्त अन्य घरेलू कार्यों में भी इसका उपयोग होता है।

4. झरनों का जल

वर्षा का पानी पहाड़ी चट्टानों के बीच एकत्रित हो जाता है और फिर धीरे-धीरे झरने के रूप में यह किसी स्थान से गिरने लगता है। यह अत्यन्त निर्मल तथा शुद्ध जल होता है जिसे उपयोग में लाया जा सकता है।

5. तालाब या पोखरों का जल

गांव के निचले स्थानों पर वर्षा के पानी को एकत्रित होने को स्थान मिल जाता है और यह स्थानीय संग्रहित पानी का भंडार होता है। सामान्यतया इसे पोखर कहते हैं। किनारों पर लोगों की सुविधा के लिये पक्का कर देने के कारण इसी को तालाब के नाम से पुकारा जाता है। ग्रामीण क्षेत्रों में यह जल प्राप्ति का सामान्य एवं प्रमुख स्रोत होता है। परन्तु पशुओं के इसमें बैठने, कपड़े धोने तथा अन्य गंदगियों के कारण यह जल अशुद्ध हो जाता है तथा पीने योग्य नहीं रहता है। ग्रामीण तालाबों को सुरक्षित बनाने के लिये आवश्यक है कि उसके चारों ओर के तट पक्के बनाये जाय और उन्हें भूतल से 4-5 फुट उंचा उठाया जाय जिससे मवेशी अंदर न जा सके और किनारों पर गिरने वाला दूषित जल भी अंदर प्रवेश न पा सके। किनारे बाहर की ओर ढालू रक्खे जाय और उन पर दूब लगा दी जाय। संदूषण से बचने हेतु तालाब के किनारों पर पेड़ न लगाये जाय वरन् कुछ दूरी पर वृक्ष लगाये जाय जिससे उनके सूखे पत्ते पानी में न गिरें। तालाब में उतरने के लिये सीढ़ियां नहीं होनी चाहिए, उसमें नहाना एवं कपड़े धोना भी वर्जित होना चाहिये। पानी खींचने के लिये हैण्ड पंप लगे होने चाहिये या चखी-डोरी की व्यवस्था होनी चाहिए। तालाब के पास लगभग 100 फुट के घेरे में कूड़ा करकट नहीं होने चाहिये तथा शौचालय, मूत्रालय आदि भी नहीं होना चाहिये। तालाब में मछलियाँ अवश्य पाली जाय जिससे वे निलम्बित द्रव्य एवं जीव-जन्तुओं के लार्वा आदि खाकर जल को साफ बनाये रखें। समय-समय पर तालाब के पानी का क्लोरीनीकरण एवं खरपतवार उन्मूलन भी आवश्यक है। (चित्र 2.2)

चित्र 1.2. सुरक्षित तालाब

6. कुओं का जल/ भूमिगत जल

जब वर्षा जल भूमि की परतों को बेधकर नीचे पहुँचता हैं तो भूमि द्वारा सोख लिए जाने पर भूमिगत जल बन जाता है। अतः जब जमीन को खोदते हैं तो यह जल निकल आता है तथा खोदे हुए स्थान कुएँ कहलाते हैं। यद्यपि इनमें सीमित पानी की मात्रा होती है परन्तु काम में लेने पर यह प्राकृतिक रूप से भूमिगत जल से अपना स्तर निरंतर बनाये रखता है। ये स्रोत पीने तथा कृषि दोनों के लिये समान रूप से काम आते हैं।

नलकूप - आजकल नलकूप शहरी एवँ ग्रामीण क्षेत्रों में अधिकता से प्रयोग में लाये जा रहे हैं। गहरे नलकूप सामान्य गहरे कुओं से भी अधिक सुरक्षित होते हैं। नलकूप यदि पूर्ण सावधानी के साथ यथोचित ढंग से खोदे जाय और उनके रख-रखाव की समुचित व्यवस्था की जाय तो ये सुरक्षित जल के सर्वोत्तम स्रोत बन जाते हैं। नलकूप विशिष्ट इस्पात के बने नलों को जमीन में धंसा कर बनाये जाते हैं। नलों को एक के ऊपर एक कसते जाते हैं और जमीन में तब तक धँसाते जाते हैं जब तक कि निचला सिरा जलस्तर तक न पहुँच जाय। प्रारंभ के नल के नीचे जल धँसाने का विशेष यंत्र लगा रहता है तथा इसी नल में कुछ ऊपर की ओर 4' से 6'

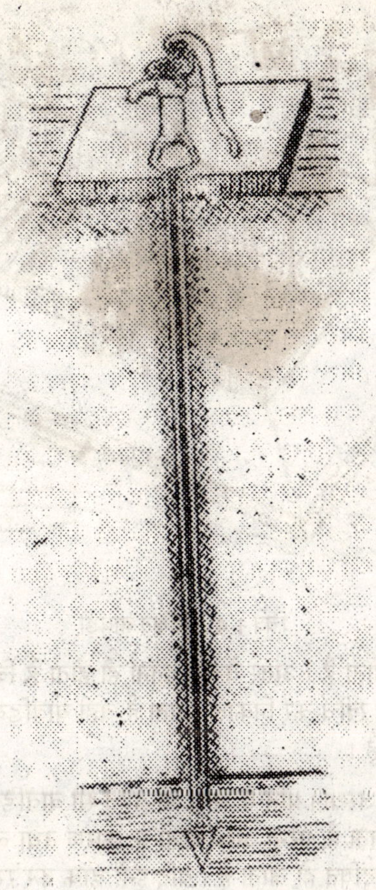

चित्र 1.3 नलकूप

लंबाई की विशेष पीतल की बनी एक छलनी लगी रहती है। नलकूप पर हैण्डपंप लगा होता है जिससे जल खींचा जा सके। पूर्ण सावधानी एवं दक्षता से निर्मित नलकूप अत्यन्त ही सुरक्षित जल के स्रोत बनते हैं तथा इनका जल भी जीवाणु रहित होता है। (चित्र 1.3)

7. बावड़ियों का जल

जिन कुओं का आकार बड़ा होता है, तथा जहाँ पानी तक पहुँचने के लिये सीढ़ियाँ बनी होती हैं, बावड़ियाँ कहलाती हैं। इनका स्रोत तथा उपयोग दोनों ही

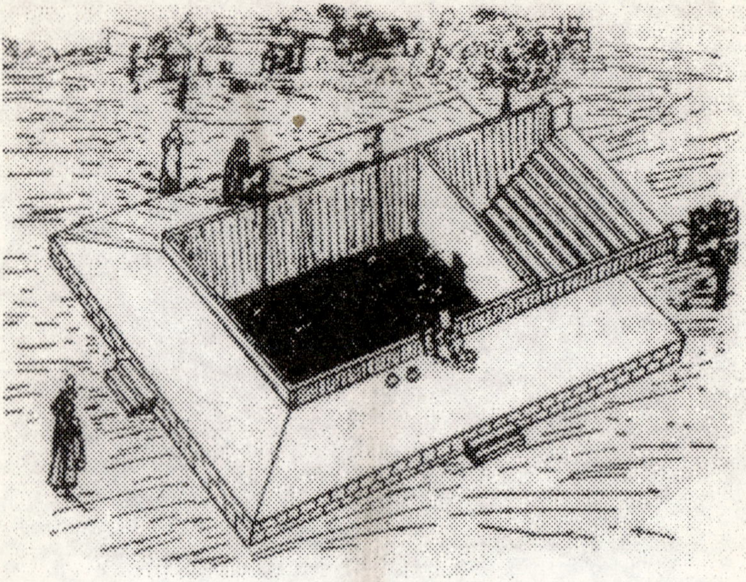

चित्र 1.4. सुरक्षित बावड़ी

कुओं के प्रकार का होता है। अंतर केवल इतना ही होता है कि कुओं से पानी किसी रस्सी या हैंडपंप द्वारा खींच कर निकाला जाता है, वहीं बावड़ियाँ से सीधे किसी बर्तन से लिया जा सकता है।

हमारे देश के राजस्थान प्रांत में अभी भी बहुत सी बावड़ियाँ हैं जिनका जल पीने हेतु काम में लिया जाता है, परन्तु अस्वच्छता के कारण तथा लोगों के पानी से सीधा सम्पर्क होने से वह प्रदूषित हो जाता है। यदि इन्हें ढांक कर रखा जाय तथा स्वच्छता का पूरा ध्यान रखा जाय तो ये पेयजल के महत्त्वपूर्ण स्रोत बन सकती हैं। सुरक्षित बावड़ी को चित्र 1.4 में दर्शाया गया है।

8. समुद्री जल

पहाड़ों से निकलने वाली नदियाँ अंततोगत्वा समुद्र में विलीन होकर सभी गंदगी अपने साथ सागरों एवं महासागरों में मिलाती हैं। समुद्री जल के निरंतर वाष्पीकरण से अशुद्धियाँ की सांद्रता में वृद्धि होती हैं जो क्रमशः समुद्र की सतह पर जमती है अथवा जल अशुद्धि के रूप में बनी रहती है। समुद्री जल में लवणों का सर्वाधिक सांद्रण होता है जिसमें सोडियम क्लोराइड की अधिकता होती है। समुद्री जल न तो पीने योग्य होता है, न किसी उद्योग या कृषि के काम में आ सकता है।

9. पेयजल

जैसा कि विदित ही है जल सभी सजीवों की मूल आवश्यकता है। अतः जो जल हम प्रतिदिन पीते हैं, शुद्ध होना आवश्यक है। पेयजल गंध रहित, रंग रहित, रस रहित, शीतल, निर्मल, स्वच्छ, मृदु, विषरहित, मन को प्रसन्न रखने वाला, प्यास बुझाने वाला, अपद्रव्य रहित, झाग रहित तथा जीवाणु रहित होना चाहिये।

10. आसुत जल

आसुत जल भी स्वास्थ्य के लिये लाभदायक नहीं होता है क्योंकि स्वास्थ्य के लिये लाभदायक जल में अल्प मात्रा में लवणों का होना आवश्यक हैं। आसुत जल न तो पीने लायक होता है न कृषि योग्य होता है।

11. खनिज जल

प्राकृतिक जल में विशेष प्रकार के घुलनशील पदार्थ मिल जाने से उसमें विशेष स्वाद आ जाता है। ऐसे जल को खनिज जल कहते हैं। यह जल पेट के रोगों के निदान में भी काम आता है।

12. भारी जल

जल के विभिन्न रूपों में एक भारी जल भी होता है। इसका रासायनिक नाम ड्यूटीरियम ऑक्साइड होता है। भारी जल का सूत्र D_2O होता है। ड्यूटीरियम हाइड्रोजन का ही समस्थानिक है। भारी जल का उपयोग परमाणु भट्टियों में मंदक के रूप में होता है तथा यह जीवों में होने वाली क्रियाओं के अध्ययन के लिये ट्रेसर के रूप में होता है।

अध्याय 2

जल का रोचक विज्ञान

जल विश्व का सबसे विलक्षण द्रव है। विश्व में उपलब्ध पदार्थों में मात्र जल ही एक ऐसा पदार्थ है जो तीन रूपों यथा - ठोस (बर्फ) द्रव (पानी) एवं गैस (जलवाष्प) के रूप में पाया जाता है। यदि हमारे शरीर का रासायनिक विश्लेषण किया जाय तो विलक्षण तथ्य प्रकट होता है कि हमारे शरीर का 65 से 70 प्रतिशत भाग केवल जल से ही बना हुआ है। महिलाओं में जल अपेक्षाकृत कम एवं वसा अधिक होती है। जल की सही प्रतिशतता व्यक्ति के शरीर की बनावट एवं वजन पर निर्भर करती है। हमारी कोशिकाओं के कोशिकाद्रव्य (साइटोप्लाज्म) का 90 प्रतिशत भाग जल ही है। मस्तिष्क का 74.5 प्रतिशत, गुर्दों का 82.7 प्रतिशत, मांसपेशियों में 76.6 प्रतिशत, रक्त का 82 प्रतिशत जल ही होता है। दंत ऊतक में जल की मात्रा सबसे कम होती है (10 प्रतिशत) इसलिए ये कठोर होते हैं। इसी प्रकार अस्थियाँ जिन्हें हम सूखा मानते हैं उनमें भी जल होता है। (चित्र 2.1)

मानव शरीर के अलावा अन्य जीवों में भी जल की बहुतायत होती है यथा - मुर्गी में 74 प्रतिशत, मेंढक में 78 प्रतिशत तथा जैलीफिश में 95 प्रतिशत जल ही होता है। हम प्रतिदिन खाद्य पदार्थों का सेवन करते हैं उनमें भी जल की अधिक मात्रा विद्यमान होती है। यथा-आलू में 80 प्रतिशत, शलजम में 88 प्रतिशत, चुकन्दर में 95 प्रतिशत, कुकरमुत्ता में 95 प्रतिशत, टमाटर में 90 प्रतिशत एवं मांस आदि में 75 प्रतिशत जल ही होता है।

कुछ जानवरों के शरीर में तो ऐसी व्यवस्था होती है जिससे वे बिना पानी के कई दिनों तक जीवित रह सकते हैं। इस प्रकार के प्राणियों का अच्छा उदाहरण रेगिस्तान का जहाज ऊंट है। ऊंट के शरीर में यह विशेषता होती है कि वह अपने शरीर में काफी मात्रा में वसा संचित कर लेता है। बाद में इसी वसा के ऑक्सीकरण से उसे अपने को जीवित रखने के लिये आवश्यक पानी प्राप्त होता है।

हमारे वैदिक ग्रंथों में जल को अन्न की अपेक्षा श्रेष्ठ माना गया है। परन्तु हाइड्रोजन के दो तथा ऑक्सीजन के एक परमाणु से बना जल है बहुत अजीब।

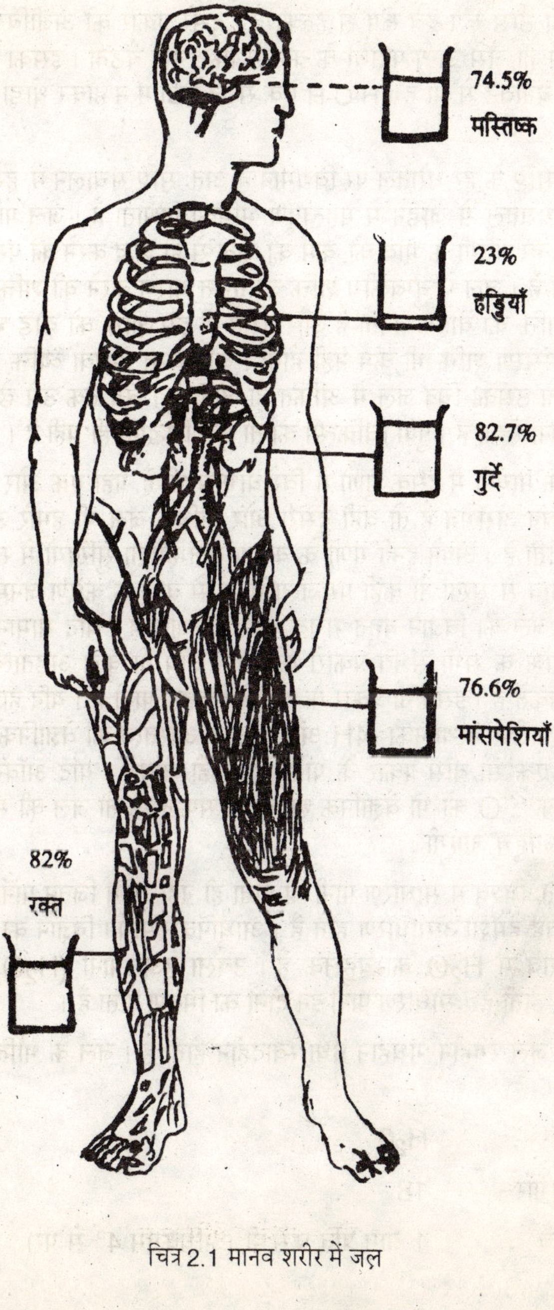

चित्र 2.1 मानव शरीर में जल

पानी की अजीबियत दो प्रकार की है। एक तो सामान्यतौर पर यह अजीब है — जैसे इसका ठोस रूप द्रव रूप से हल्का है। दूसरे प्रकार की अजीबियत यह है कि पानी अपने ही जैसे अन्य पदार्थों के क्रम में फिट नहीं बैठता। इसका रिश्ता उसकी आणविक बनावट से भी है। H-O-H एक सरल रेखा में न होकर थोड़ा बीच से झुका होता है।

जल सृष्टि के हर धरातल पर विद्यमान है, अतः सृष्टि संचालन में, हर एक धरातल को दूसरे धरातल से जोड़ने में महत्वपूर्ण भूमिका निभाता है। जल पवित्रता का भी सूचक है। हर गंदगी के भाव को, कर्म को, जल से ही शुद्ध करने की परम्परा भारतीय संस्कृति में है। जल में चुम्बकीय शक्ति को तुरन्त धारण करने की शक्ति भी विलक्षण है। यह शक्ति का वाहक बनता है और तुरन्त ही इस शक्ति को छोड़ भी सकता है। जल की संसरण शक्ति भी कम नहीं होती। कोई वस्तु अथवा व्यक्ति जल में प्रवेश करता है तो उसका चित्र जल में अंकित हो जाता है। जब तक उसे छेड़ा नहीं जाए, तब तक बना रहता है। पुष्प चिकित्सा का तो मूल सिद्धान्त ही यही है।

अनेक मायनों में इसके गुणों में विरोधाभास भी है जहां एक ओर जल के बिना हमारा जीवन असंभव है तो वहीं दूसरी ओर अधिक जल भी हमारे ऊपर मृत्यु का कहर ढा देता है। अपने इन्हीं गुणों के कारण जल हमेशा सुर्खियों में रहता है। कहीं पर जलाभाव से सूखा तो कहीं पर जलाधिक्य से बाढ़ के कारण जनमानस त्रस्त हो जाता है। जल का विज्ञान बहुत रोचक और विलक्षण है। यदि सामान्य सूत्र H_2O वाले यौगिक के सभी संभव प्रकारों को गिना जाय तो कुल अड़तालीस प्रकार के पानी हो सकते हैं। इसमें नौ प्रकार के स्थायी टिकाऊ पानी है। यदि हाइड्रोजन के दो और अतिभारी समस्थानिकों -4H और 5H के अस्तित्व को वैज्ञानिकों ने सिद्ध कर लिया, तो एक सौ बीस प्रकार के पानी संभव हो जायेंगे। यदि ऑक्सीजन के नए समस्थानिक ^{24}O को भी वैज्ञानिक खोजने में सफल रहे तो जल की संख्या एक सौ पैंतीस तक पहुँच जाएगी।

वस्तुतः विश्व में साधारण पानी तो होता ही नहीं। हम जितने पानी के रूप देख सकते हैं वह हमेशा असाधारण होते हैं। आधुनिक रसायन विज्ञान का मानना है कि पानी वास्तव में H_2O का बहुलक है। उबला हुआ पानी $(H_2O)_3$ तथा बर्फ $(H_2O)_4$ होती है। साधारण पानी इन दोनों का मिश्रण होता है।

शुद्ध जल रंगहीन, गंधहीन तथा स्वादहीन होता है। जल के भौतिक गुण निम्न हैं।

सूत्र -	H_20
अणुभार -	18
घनत्व -	1 ग्राम प्रति घ.से.मी. (अधिकतम 4° सें पर)

गलनांक - 0° सेंटीग्रेड

क्वथनांक - 100° सेंटीग्रेड

गुप्त ऊष्मा - बर्फ तथा भाप की 80 एवं 536 कैलोरी प्रति ग्राम

विलायकता - सर्वोत्तम विलायक

वैज्ञानिकों को हाल ही में बिल्कुल सूखा पानी तैयार करने में सफलता प्राप्त हुई हैं। पानी में सिलिसिक अम्ल का थोड़ा सा महीन चूर्ण मिला देने पर पानी तुरन्त ही शुष्क एवं कुड़कुड़ा हो जाता है। इसे थेले में डालकर एक स्थान से दूसरे स्थान तक ले जा सकते हैं। छूने पर यह आर्द्र बिल्कुल ही नहीं लगता है। जल के लगभग सभी भौतिक एवं रासायनिक गुण प्रकृति में अपवाद है। अतः इसे विश्व का सबसे विलक्षण द्रव एवं सर्वोत्तम विलायक माना जाता है।

भूमंडल में जल की उपलब्धता एंक अरब 46 करोड़ घन किलोमीटर है जिसमें 97.25 प्रतिशत जल सागरों/महासागर में विद्यमान है, 2 प्रतिशत बर्फ के रूप में तथा शेष पीने योग्य हैं। जल कि इस मात्रा को चित्र 2.2 एवं सारणी 2.1 में दर्शाया गया है।

सूर्य की गर्मी से प्रतिवर्ष समुद्र का 340,000 घन कि.मी. ताजा पानी भाप बनकर उड़ जाता है तथा जमीन से 60,000 घन कि.मी. उड़ता है। इस प्रकार औसतन 4000,000 घन कि.मी. पानी धरती और आकाश के बीच तैरता रहता है। ऊपर उड़ने वाला यही पानी बाद में वर्षा, बर्फ और ओलों के रूप में पुनः नीचे बरसता है। इसे ही जल चक्र (Water Cycle) कहते हैं। (चित्र 2.3)

सारणी 2.1. पृथ्वी की सतह पर जल की मात्रा

उपलब्ध जल	कुल मात्रा का प्रतिशत
सागर	97.25
बर्फ	2.05
भौमजल	0.68
झीलें	0.01
मृदा नमी	0.005
वायुमंडल	0.001
नदियाँ	0.0001
जैवमंडल	0.00004
कुल योग	100.00

जल के स्वभाव को समझने के लिए जल विज्ञान की भूमिका पूरी निर्णायक होती है। इसके अन्तर्गत जल की उत्पत्ति, जल की प्राप्ति तथा जल चक्र का अध्ययन किया

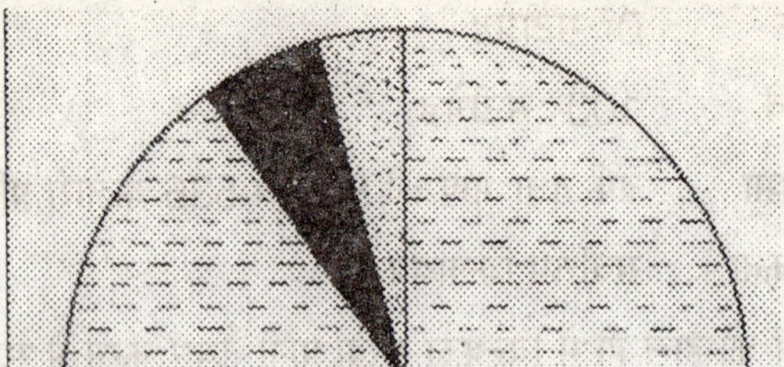

चित्र 2.2 सम्पूर्ण जल का वितरण

जाता है। चूंकि जल अनेक रूपों तथा परिस्थितियों में पाया जाता है इसलिए जल विज्ञान (Hydrology) की भी अनेक शाखायें हैं। वायुमंडल में जल के अध्ययन को मौसम जल विज्ञान (Hydrometrology) कहा जाता है। धरती पर बहने वाले जल के अध्ययन को भूतल जल विज्ञान (Potamology) के तहत किया जाता है। प्राकृतिक तथा मानवनिर्मित जलागारों के अध्ययन को जलाशय विज्ञान (Liminology) तथा भूखंडों में पाए जाने वाले जल का अध्ययन भू जल विज्ञान (Hydrogeology) के अनुसार किया जाता है।

जल की उत्पत्ति

जहाँ तक जल की उत्पत्ति का सवाल है, वैज्ञानिकों के मतानुसार सृष्टि के आरंभ में कुछ नहीं था, न काल की गणना थी न ही दिशाओं का ज्ञान। बस था तो गैसों का गुबार वो भी संपूर्ण ब्रह्माण्ड में फैला हुआ था। तत्पश्चात् कोई पन्द्रह अरब वर्ष पूर्व किन्हीं अज्ञात कारणों से एक परम प्रचण्ड धमाका (बिग बैंग) हुआ तथा गैसों का वह बादल अचानक सक्रिय होकर टूटता बिखरता चला गया। इस तरह करोड़ों वर्षों तक के विशालकाय खंड अनन्त ब्रह्माण्ड में फैलते चले गये। इस प्रक्रिया का रूकना तब

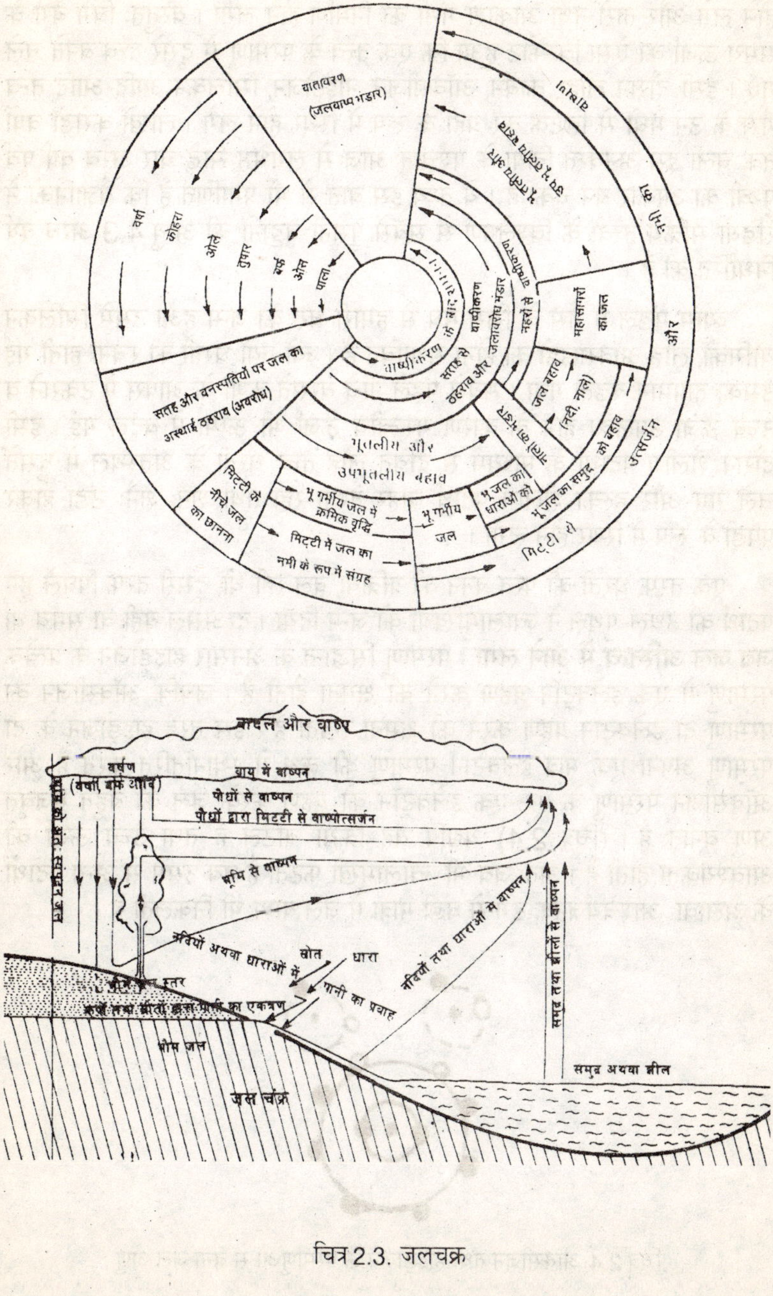
वातावरण
(जलवाष्प भंडार)
वर्षा
कोहरा
ओले
तुषार
बर्फ
ओस
पाला
सतह और वनस्पतियों पर जल का
अस्थाई ठहराव (अवरोध)
मिट्टी के
नीचे जल
का छानना
भूतलीय और
उपभूतलीय बहाव
भू गर्भीय जल में
क्रमिक वृद्धि
मिट्टी में जल का
नमी के रूप में संग्रह
भू गर्भीय
जल
भू जल का
धाराओं को
भू जल का समुद्र को बहाव
मिट्टी से
उत्सर्जन
जल बहाव
(नदी, नाले)
महासागरों
का जल
और
वाष्पीकरण
सतह से
ठहराव और
जलाशयीय भंडार
नहरों से
वाष्पीकरण
बादल और वाष्प
वर्षण
(वर्षा, बर्फ, ओले)
वायु में वाष्पन
पौधों से वाष्पन
पौधों द्वारा मिट्टी से वाष्पोत्सर्जन
भूमि से वाष्पन
नदियों अथवा धाराओं में
स्रोत
धारा
पानी का प्रवाह
नदियों तथा धाराओं में वाष्पन
समुद्र तथा झीलों से वाष्पन
समुद्र अथवा झील
भौम जल
जल चक्र

चित्र 2.3. जलचक्र

प्रारंभ हुआ तब हाइड्रोजन गैस के वे बादल परमाण्वीय क्रियाओं के बल पर पूंजीभूत होने लगे और तारों तथा आकाश गंगा का निर्माण होने लगा। वस्तुतः बिग बैंग के समय ऊर्जा का ऐसा विस्फोट हुआ कि एक तत्त्व के परमाणु से दूसरे तत्त्व बनते चले गए। इसी दौरान लोहा, कार्बन, ऑक्सीजन, नाइट्रोजन, सिलिकन आदि-आदि तत्त्व गैस के उन मेघों से छिटक कर ग्रहों के रूप में स्थिर होने लगे। लाखों करोड़ों वर्षों तक चली इस अनवरत क्रिया के पश्चात् आज से लगभग साढ़े चार अरब वर्ष पूर्व पृथ्वी का आकार बन चुका है। ये तथ्य इस बात से भी प्रमाणित है कि वैज्ञानिकों ने रेडियो सक्रिय तत्त्वों के विश्लेषण से सबसे पुरानी चट्टानों की आयु 4.3 अरब वर्ष निर्धारित की है।

व्योम मंडल में गैस के जिस मेघ से हमारी धरा का जन्म हुआ उसमें सिलिकन यौगिकों, लोह ऑक्साइडों का होना संभावित हैं। ज्यों-ज्यों धरती की रचना होती गई उसका तापमान बढ़ता गया। सबसे पहले नीचे बरसते कणों के आपस में टकराने व उच्च ऊर्जा उपलब्ध होनें के कारण गुरुत्वीय ऊर्जा भी ऊष्मा में बदल गई। इसी दौरान शैलीय पदार्थों के माध्यम से द्रवित लोह तत्त्व धरती के अंतस्थल में घुसतें चले गए और हल्का शैलीय पदार्थ बाहर तैरता रहा तथा शनैः शनैः ठंडा होकर पपड़ी के रूप में स्थिर होने लगा।

एक तरफ धरती की परत बनने की प्रक्रिया चल रही थी, दूसरी तरफ पिघले हुए पदार्थ की उथल-पुथल ने ज्वालामुखियों को जन्म दिया। दरअसल यही वो समय था **जब जल अस्तित्व में आने लगा**। परमाणु सिद्धान्त के अनुसार हाइड्रोजन के प्रत्येक परमाणु में एक इलेक्ट्रॉन ग्रहण करने की क्षमता होती है। जबकि ऑक्सीजन का परमाणु दो इलेक्ट्रान ग्रहण करने की क्षमता रखता है। इस तरह हाइड्रोजन के दो परमाणु अपना एक मात्र इलेक्ट्रान परमाणु की कक्ष में स्थानांतरित करते हैं और ऑक्सीजन परमाणु के एक-एक इलेक्ट्रॉन को ग्रहण करके जल का बहुत मजबूत अणु बनाते हैं। (चित्र 2.4) यद्यपि यह क्रिया जटिल है तथा उच्च ऊर्जा की आवश्यकता होती है। अतः जब भी ज्वालामुखी फटता है तब उसमें से अन्य पदार्थों के अलावा आश्चर्यजनक ढंग से बड़ी मात्रा में जल वाष्प भी निकलती है।

चित्र 2.4 ऑक्सीजन तथा हाइड्रोजन के परमाणुओं से बना जल अणु

अध्याय 3

जल और हमारा स्वास्थ्य

प्रत्येक जीव को जल की आवश्यकता होती है। हमारे आयुर्वेद ग्रंथों के अन्तर्गत बताया गया है कि पानी थकान को दूर करने वाला, तन्द्रा, वमन और विबंध को हटाने वाला, क्लान्तिनाशक मूर्च्छा तथा प्यास को नष्ट करने वाला, बलकारक, नींद को दूर करने वाला, तृप्तिदायक, हृदय के लिये हितकर एवं अजीर्ण का शमन करने वाला अमृत के समान जीवनदाता है। हमारे शरीर निर्माण में जल का विशेष योगदान है तथा इसके द्वारा काफी क्रियाएं संचालित होती हैं।

शरीर में जल के कार्य

- जल शरीर के तापमान को नियमित करता है। यह पूरे शरीर की ऊष्मा को समान रूप से बनाए रखता है तथा अधिक ऊष्मा को बाहर निकालता है।
- जल रक्त को तरल बनाये रखता है जिससे रक्त समान रूप से गतिशील रहता है।
- जल हड्डियों तथा जोड़ों को क्रियाशील रखता है तथा इसकी शरीर में कमी हो जाने पर जोड़ों में दर्द होने लगता है।
- यह शरीर में होने वाली रासायनिक क्रियाओं का संतुलन बनाए रखता है।
- जल भोजन के पौष्टिक तत्त्वों को शरीर में एक अंग से दूसरे अंग तक पहुंचाकर उन्हें पचाने में सहायता करता है।
- जल शरीर से अनावश्यक तत्त्वों को पेशाब, पसीना, मल के रूप में बाहर निकलता है तथा जल शरीर में उपस्थित तरल पदार्थों में आने वाली तरलता की कमी को शीघ्र पूरी करता है।
- जल शरीर की विभिन्न दैहिक क्रियाओं के लिये भी माध्यम का काम करता है। ये क्रियायें हैं- परासरण, विसरण एवं स्यन्दन आदि।

- शरीर के कई अंगों को घर्षण से बचाने तथा उन्हें सूखने न देने में जल की महत्त्वपूर्ण भूमिका होती है
- मस्तिष्क में भरे हुए प्रमस्तिष्क मेरू द्रव में 99 प्रतिशत जल होता है। यह द्रव तंत्रिकातंत्र को बाहरी चोटों से बचाता है।

हमारे शरीर को न तो जरूरत से कम जल चाहिए और न ही जरूरत से अधिक। जिस तरह से जरूरत से अधिक मात्रा में भोजन और अन्य पोषक तत्त्व शरीर को नुकसान पहुँचाते हैं उसी तरह अधिक पानी भी स्वास्थ्य के लिये हानिकारक है। शरीर के लिये आवश्यक किसी तत्त्व की कमी तो समस्याग्रस्त होती ही है।

पानी तथा शरीर के लिये आवश्यक इलेक्ट्रोलाइट तत्त्वों का बहुत घनिष्ट संबंध हैं। शरीर में पानी की मात्रा इलेक्ट्रोलाइट तत्त्वों की सांद्रता को प्रभावित करती है, निर्जलन को जन्म देती है और यह कमी चाहे कम पानी पीने से हो या शरीर से पानी की क्षति के कारण हुई हो, इससे इलेक्ट्रोलाइट की सांद्रता बढ़ जाती है। इस अवस्था में शरीर की कोशिकाएँ निर्जलन का शिकार हो जाती है, तथा इस अवस्था के लक्षण हैं - बहुत अधिक प्यास लगना, सिर चकराना, उल्टी होना, शरीर की त्वचा का सूख जाना और गर्म हो जाना, मूत्र का गाढ़ा हो जाना। ऐसा प्रायः लू लगने के समय होता है। इस समस्या का उपचार है अधिक पानी की आपूर्ति। यह आपूर्ति किसी भी तरह से की जा सकती है- अतिरिक्त जल पिलाकर अथवा अन्तः शिरा विधि से डेक्सट्रोज या सैलाइन घोल देकर।

शरीर में पानी की मात्रा बढ़ जाने से इलेक्ट्रोलाइट सांद्रता घट जाती है। यह समस्या तब उठ खड़ी होती है जब अधिक मात्रा में बिना इलेक्ट्रोलाइट मिला पानी पिला दिया जाता है। इससे कोशिकाओं के बाहर विद्यमान तरल माध्यम के पतला हो जाने से उसमें सोडियम आयनों की सांद्रता कम हो जाती है तथा ऐसी अवस्था में पानी इस तरल माध्यम से कोशिकाओं के भीतर अधिक सोडियम सांद्रता की ओर जाने लगता है, फलस्वरूप कोशिकाएं फूल जाती हैं।

जैसा कि विदित ही है चयापचय के दौरान अलग-अलग खाद्य पदार्थ भी जल प्रदान करते हैं- (सारणी 3.1)

सारणी 3.1. विभिन्न खाद्य घटकों से प्राप्त पानी की मात्रा

खाद्य घटक (100 ग्राम)	उत्पन्न जल की मात्रा (ग्राम)
वसा	107
स्टार्च	55
प्रोटीन	41
अल्कोहल	117

शरीर में जल का वितरण

सामान्य परिस्थितियों में रोजाना लगभग ढाई से तीन लीटर पानी की जरूरत पड़ती है। गर्मियों में यह जरूरत कहीं अधिक बढ़ जाती है। जैसा कि विदित है वजन के हिसाब से कुल मिलाकर शरीर का 70 प्रतिशत भाग पानी होता है। इस पानी का 20 प्रतिशत कोशिकाओं के बाहर विद्यमान होता है तथा शेष कोशिकाओं में। सत्तर किलोग्राम वजन के एक मनुष्य के शरीर में 47 कि.ग्रा. पानी होता है। इसमें से लगभग 20 कि.ग्रा. मांसपेशियों में और 10 कि.ग्रा. त्वचा में मौजूद होता है। शरीर में विद्यमान कुल पानी का पाचवां हिस्सा हमारे रक्त में होता है। आयु बढ़ने के साथ-साथ शरीर में पानी की मात्रा घटती जाती है।

विभिन्न ऊतकों में जल की मात्रा

शरीर के विभिन्न ऊतकों में पानी की मात्रा इस प्रकार होती है। त्वचा 20 प्रतिशत, मांसपेशियां-75-80 प्रतिशत, रक्त 76 प्रतिशत, रक्त प्लाज्मा-92 प्रतिशत, संयोजी ऊतक-60 प्रतिशत, रक्त कण-60 प्रतिशत, तंत्रिका ऊतक-70-85 प्रतिशत, वसा -20 प्रतिशत, हड्डियां (अस्थिमज्जा रहित) -25 प्रतिशत, प्रमस्तिष्क मेरू द्रव-99 प्रतिशत, दांत -10 प्रतिशत। दंत ऊतक में पानी की मात्रा सबसे कम होती है, इसीलिए शरीर में दंत ऊतक सबसे अधिक कठोर होते हैं।

शरीर के ऊतकों में पानी की उपर्युक्त मात्रा औसत मात्रा है। शरीर के ऊतकों और अंगों में पानी की मात्रा समय-समय पर पानी की क्षति एवं आपूर्ति तथा अंग या ऊतक विशेष की क्रियाशीलता के अनुसार कम अधिक होती रहती हैं। यहाँ पर यह भी ध्यान रखना आवश्यक है कि शरीर को पानी दो स्त्रोतों से प्राप्त होता है। पहला स्त्रोत है खाद्य एवं पेय पदार्थ तथा दूसरा स्त्रोत है शरीर में खाद्य पदार्थों के ऑक्सीकरण एवं चयापचय से प्राप्त पानी। शरीर में पानी दो अवस्थाओं में विद्यमान रहता है (अ) स्वतंत्र अवस्था में- शरीर का अधिकांश पानी इसी अवस्था में रहता है। विभिन्न प्रकार के पदार्थ इस पानी में घुले रह सकते हैं जिन्हें छानकर अलग किया जा सकता है। (ब) थोड़ी मात्रा में पानी कोलायड तथा अन्य पदार्थों के साथ जुड़ी हुई अवस्था में रहता है।

शरीर में चलने वाली चयापचयी प्रक्रियाओं के अंत में पानी उत्पन्न होता है। चयापचयी क्रियाओं के दौरान ठोस खाद्य पदार्थों में विद्यमान सारे के सारे हाइड्रोजन परमाणु पानी में बदल जाते हैं। केवल 5 प्रतिशत हाइड्रोजन के अणु अमोनिया और यूरिया आदि के रूप में शरीर से उत्सर्जित होते हैं। विभिन्न प्रकार के खाद्य पदार्थों से चयापचय के दौरान अलग-अलग मात्रा में पानी उत्पन्न होता है। (सारणी 3.1)

शरीर का जल संतुलन

शरीर में पानी की आपूर्ति तथा क्षति का ब्यौरा सारणी 3.2 में दिया गया है। इसमें वर्णित चारों माध्यमों में से किसी भी माध्यम से परिस्थितियों के अनुसार पानी की क्षति घट-बढ़ सकती है। त्वचा के माध्यम से पानी की क्षति वातावरण की गर्मी और नमी के अनुसार तथा शारीरिक श्रम के अनुसार घटती बढ़ती रहती है। गर्म वातावरण में अधिक शारीरिक श्रम करने पर त्वचा के माध्यम से प्रतिदिन 3 से 10 लीटर पानी की क्षति हो सकती है। वातावरण में नमी अधिक होने पर त्वचा द्वारा पानी की क्षति घट जाती है। गर्मी में फेफड़ों से भी पानी की क्षति बढ़ जाती है। दस्त, पेचिश, हैजे के दौरान मल से पानी की क्षति एकाएक बहुत बढ़ जाती है।

शिशुओं, बच्चों, स्वास्थ्य लाभ करने वालों, खिलाड़ियों और गर्भवती महिलाओं में पानी का ग्रहण हमेशा क्षति से अधिक मात्रा में होता है क्योंकि इस श्रेणी के लोग शरीर में पानी का भंडारण करते हैं और उनमें नए-नए ऊतकों का निर्माण होता रहता है। एक ग्राम प्रोटीन के निर्माण में 3 ग्राम पानी खर्च होता है। वसा और ग्लाइकोजन के निर्माण में अपेक्षाकृत कम पानी की जरूरत होती है।

किसी भी परिस्थिति में शरीर से अधिक पानी की क्षति होने पर उत्सर्जित द्रव में सोडियम तथा पोटैशियम की मात्रा जानने से यह पता लग सकता है कि पानी की क्षति कोशिकाओं में मौजूद पानी से हो रही है अथवा शरीर में कोशिकाओं के बाहर विद्यमान पानी से। यदि उत्सर्जित द्रव में सोडियम की मात्रा अधिक है तो इसका अर्थ है कि पानी कोशिकाओं के बाहर से आ रहा है और यदि उसमें पोटैशियम की मात्रा अधिक है तो इसका अर्थ है कि पानी कोशिकाओं के भीतर से आ रहा है।

सारणी - 3.2. शरीर में पानी की आपूर्ति और क्षति का ब्यौरा

	पानी की आपूर्ति		पानी की क्षति
1	पेय पदार्थोंसे	1450 घन से.मी.	1 गुर्दो से 1500 घन से.मी.
2	ठोस खाद्य पदार्थों से	800 घन से.मी	2. त्वचा से 600 घन से.मी.
			3. फेफड़ों से 400 घन से.मी.
3	ऑक्सीकरण	350 घन से.मी.	4. मल से 100 घन से.मी.
	योग	2600 घन सेंटीमीटर	योग 2600 घन सेंटीमिटर

हमारे शरीर से प्रतिदिन बहुत अधिक मात्रा में पानी का आदान-प्रदान होता रहता है। रोज ही हम बहुत अधिक पानी पीते हैं और बहुत अधिक पानी शरीर से बाहर

निकलता है। परन्तु इसके बावजूद पानी की प्राप्ति और निर्गम में बहुत संतुलन बना रहता है। इससे यह मालूम होता है कि शरीर में जल का संतुलन बनाए रखने की व्यवस्था काफी मजबूत और भरोसेमंद है। इस व्यवस्था में अंतःस्रावी ग्रंथियों, तंत्रिका तंत्र, गुर्दों, श्वसन एवं त्वचा का बहुत योगदान होता है।

अध्याय 4

जल के गुणों का ज्ञान

शुद्ध वायु की तरह जीवन-यापन के लिये प्रत्येक जीव के लिये शुद्ध एवं स्वच्छ पेयजल का होना भी नितान्त आवश्यक है। पेयजल गुणवत्ता की कसौटी पर खरा उतरने पर ही ग्राह्य होता है क्योंकि संदूषित एवं प्रदूषित जल स्वास्थ्य के लिये घातक होता है। अतः जल के उपभोक्ताओं को चाहिए कि वे इसकी गुणवत्ता के बारे में जानकारी रखें। जल विश्लेषण करते समय निम्न तीन प्रकार के परीक्षण किए जाते हैं तथा विभिन्न प्रकार के प्राचल (Parameter) ज्ञात किए जाते हैं। (सारणी 4.1)

सारणी 4.1. जल गुणवत्ता परीक्षण

परीक्षण		प्राचल
भौतिक	—	रंग, गंध, स्वाद, आविलता, तापमान आदि।
रासायनिक	—	कार्बनिक यौगिक, अकार्बनिक लवण, धातु पदार्थ, अम्लता-क्षारता, विद्युत चालकता, कठोरता।
सूक्ष्मजीवीय	—	मल प्रदूषण सूचक, ई-कोलाई, सल्फाइड अपचायी जीवाणु, विभिन्न कृमि आदि।

जल के रासायनिक गुणों का अध्ययन अत्यन्त महत्वपूर्ण होता है। रासायनिक गुण, जलतंत्र के भौतिक गुणों को परिवर्तित कर देते हैं, विभिन्न प्रकार की उपापचयी क्रियाओं एवं उसके वितरण को प्रभावित करते हैं, परिणामतः जल की रासायनिक गुणवत्ता में भी समय के साथ परिवर्तित होने की प्रवृत्ति आ जाती है। जल के रासायनिक गुणों के बारे में महत्वपूर्ण जानकारी निम्न है।

पी.एच.

अम्लीयता, क्षारीयता या पी.एच. (pH) से विलयन में उपस्थित हाइड्रोजन आयन एवं हाइड्रॉक्सिल आयनों का ज्ञान होता है। विलयन में हाइड्रोजन आयनों के सांद्रण का ऋणात्मक लघुगणकीय मान, पी.एच. कहलाता है। जल में हाइड्रोजन एवं हाइड्रॉक्सिल आयनों की संख्या बराबर होती है इसलिये जल उदासीन होता है। अम्लीय जल का पी.एच. मान 7 से कम, क्षारीय का 7 से अधिक, तथा उदासीन का 7 के लगभग होता है। जल का पी.एच. मान 8.5 से अधिक होने पर वह क्षारीय हो जाता है तथा कई दुष्प्रभाव उत्पन्न करता है।

कठोरता

जल में विलयित लवणों के अनुसार जल को मृदु या कठोर के रूप में व्यक्त किया जाता है। प्राकृतिक जल में कैल्सियम व मैग्नीशियम लवण पर्याप्त मात्रा में पाए जाते हैं, जो जल की कठोरता के लिये उत्तरदायी होते हैं। ऐसा कठोर जल स्वास्थ्य के लिए उतना खतरनाक नहीं होता, किन्तु यह गृह तथा उद्योग दोनों के लिये अनुपयोगी है। इससे कपड़ों की धुलाई में अपेक्षाकृत अधिक साबुन की आवश्यकता होती है। उद्योगों में उपकरणों के बहुत से भागों, जैसे-वाष्पित और नलिका आदि को कठोर जल आंशिक अथवा पूर्ण रूप से कार्य क्षमता को प्रभावित करते हैं तथा पूर्णरूप से अवरूद्ध करते हैं एवं ईंधन लागत को बढ़ा देते हैं।

जल की कठोरता का निर्धारण उसके एक लीटर में उपस्थित कैल्सियम कार्बोनेट (मि.ग्रा.) की मात्रा के आधार पर किया जाता है। यदि इसकी मात्रा 50 मि.ग्रा./लीटर से कम है। तो जल मृदु, 50-100 मि.ग्रा./लीटर के परास में हैं, तो मध्यम मृदु, 100-200 मि.ग्रा./लीटर के परास में हैं, तो मध्यम कठोर, 200-300 मि.ग्रा./लीटर के परास में है, तो कठोर और यदि 300 मि.ग्रा./लीटर से अधिक हैं तो अधिक कठोर जल है।

मृदु जल पीने, पकाने, धोने एवं व्यावसायिक कार्यों में उपयुक्त होते हैं, जबकि कठोर जल कृषि कार्यों में उपयुक्त होते हैं।

अन्य प्राचल

जल में लोहा, मैग्नीज, फ्लोराइड, क्लोराइड, कैडमियम, तथा अन्य लवणों, जैसे - सल्फेट, नाइट्रेट, बोरेट, कार्बोनेट की अधिकता से मानव स्वास्थ्य पर बुरा प्रभाव पड़ता है। जल में मैग्नीशियम व सल्फेट की अधिकता से आंतों में जलन उत्पन्न हो सकती है। **नाइट्रेट** की अधिकता से बच्चों में मेथेमोग्लोबिनेमिया नामक बीमारी हो जाती है जिससे रक्त में विद्यमान हीमोग्लोबीन अपनी ऑक्सीजन वहन करने की क्षमता खोकर मेथेमोग्लोबीन में परिवर्तित हो जाता है।

नवीन अनुसंधान परिणामों से विदित हुआ है कि नाइट्रेट आंतों में पहुँचकर नाइट्रोसोएमीन में परिवर्तित होकर कैंसर उत्पन्न करने का प्रमुख कारक बन जाता है। नाइट्रेट अधिकता के पशुओं में भी दुष्प्रभाव देखे जा चुके हैं तथा औद्योगिक क्षेत्र में भी अधिक नाइट्रेट युक्त जल हानिकारक होता है। सामान्यतया पेयजल में नाइट्रेट की मात्रा 45 मि.ग्रा. प्रति लीटर ही निर्धारित की गई है, परन्तु अति विशिष्ट स्थिति में भी इसकी मात्रा 100 मि.ग्रा./लीटर से अधिक नहीं होनी चाहिए।

जल गुणवत्ता प्राचलों में **फ्लोराइड** का भी विशिष्ट स्थान है। चिकित्सा विशेषज्ञों के द्वारा जल में फ्लोराइड की 1 मि.ग्रा./लीटर की मात्रा को स्वस्थ दांतों के निर्माण के लिये आवश्यक बताया गया है तथा विश्व स्वास्थ्य संगठन एवं भारतीय मानक ब्यूरो द्वारा इसकी अधिकतम सीमा 1.5 मि.ग्रा./लीटर निर्धारित की गयी है। फ्लोराइड अधिकता का प्रारंभिक प्रभाव दांतों पर पड़ता है जिससे सफेद चमकीले दांत अपनी चमक खोकर भूरे-पीले रंग के हो जाते हैं तथा समय से पूर्व गिर जाते हैं। अधिक फ्लोराइड युक्त जल तथा फ्लोराइडयुक्त खाद्य पदार्थों का निरंतर सेवन करने से हड्डियों के जोड़ कठोर हो जाते हैं, जोड़ों में दर्द रहता है तथा स्थाई विकलांगता भी आ जाती है। इसमें जोड़ों पर कैल्सियम फ्लोरोएपाटाइट की तह जम जाती है। पेयजल के मानकों को सारणी 4.2 में दर्शाया गया है। हमारे देश के 15 राज्य एवं राजस्थान के 18 जिलों के भू-जल में फ्लोराइड की समस्या है।

विलयित ऑक्सीजन (DO)

कार्बनिक पदार्थों की मात्रा ऑक्सीजन उपयोग परीक्षण द्वारा ज्ञात की जाती है। इसके लिए जल के नमूने को पोटैशियम परमेंगनेट तथा गंधक के अम्ल के साथ आधे घंटे तक उबालते हैं। इससे पोटैशियम परमेंगनेट की व्यय हुई मात्रा ज्ञात करके उसी से कार्बनिक पदार्थों का अनुमान लगा लिया जाता है। भूजल में विलयित ऑक्सीजन की मात्रा बहुत कम होती है।

जैव रासायनिक ऑक्सीजन मांग (BOD)

जल में उपस्थित कार्बनिक पदार्थों के विघटन में जो ऑक्सीजन व्यय होती है उसे BOD कहते हैं। असंदूषित जल में इसकी मात्रा 5 पी.पी.एम. से कम होनी चाहिए। इससे अधिक मात्रा होने पर जल पीने योग्य नहीं रहता है। जल प्रदूषित होने पर BOD का महत्त्व बढ़ जाता है।

बढ़ती हुई जनसंख्या एवं औद्योगिकीकरण के कारण जल आपूर्ति प्रायः मांग से कम रहती है। इस मांग को पूरा करने के लिये सघन जल आपूर्ति व्यवस्था का विकास किया गया है। भारतीय मानक (आई.एसः1172-1971) के अनुसार घरेलू

कार्यों के लिए साधारण स्थिति में औसतन प्रत्येक व्यक्ति को प्रतिदिन लगभग 135 लीटर जल विभिन्न उपयोग के लिये दिया जाना चाहिए। (सारणी 4.3)

सारणी 4.2. पेयजल के मानक (भारतीय मानक ब्यूरो 1983)

क्र.सं	प्राचल	मान*
1.	पी.एच	6.5- 9.2
2.	आविलता (JTU)	10-50
3..	रंग	10-25
4.	कुल घुलनशील ठोस	500 - 3000**
5.	क्लोराइड	250 - 1000
6.	फ्लोराइड	1.5
7.	नाइट्रेट	45 - 45***
8..	कठोरता	300 - 600
9.	सल्फेट	150 - 400
10.	कोलाईफार्म (एम.पी.एन/100मि.ली.)	1 - 10
11.	ई.कोलाई (एम.पी.एन/100 मि.ली).	1 -1

*मि.ग्रा/लीटर (क्र.सं.4-8)

**3000 मि.ग्रा/लीटर तक की छूट जहाँ ज़ल स्रोत निकटतम उपलब्ध न हो।

*** 100 मि.ग्रा/लीटर से अधिक नहीं होने चाहिए।

सारणी 4.3. विभिन्न उपयोग हेतु जल की मात्रा

प्रयोजन	प्रतिव्यक्ति जल की आवश्यक मात्रा (लीटर)
पीने के लिए	5
रसोई	5
स्नान	55
कपड़े धोना	20
बर्तन धोना	10
गृह प्रक्षालन	10
शौचालय	30
योग।	135 लीटर/दिन

विभिन्न उपयोगों के लिए जल के मानदंड

(अ) औद्योगिक उपयोग

जल जहाँ जीवन के लिये नितान्त आवश्यक है वहीं आज सम्पूर्ण औद्योगिक विकास बिना उत्तम गुणवत्ता वाले जल के संभव नहीं है। जल प्रायः उद्योगों में भाप बनाने, ठंडक के लिए, विभिन्न यंत्रों के धोने में, फर्श आदि की सफाई में, कच्चे माल की सफाई में, उत्पाद की धुलाई में, निर्माण की विभिन्न अवस्थाओं में एवं अवांछनीय उत्पाद आदि के अलग करने के उपयोग में काम आता है। इसके अतिरिक्त यह औद्योगिक उत्सर्ग के वाहक का भी कार्य करता है। साथ ही सीवेज आदि के उत्सर्जन में भी यह उपयोग में लिया जाता है।

कुछ विशेष उद्योगों के लिए आवश्यक जल को विशेष उपचार विधियों द्वारा उपचारित करते हैं, जिससे वहाँ उपस्थित रंग, गंध, कठोरता, सिलिका एवं विभिन्न धातुओं के आयनों को भी अलग किया जा सकता है। विभिन्न उद्योगों हेतु जल की गुणवत्ता संबंधी जानकारी सारणी 4.4 में दी जा रही है।

सारणी 4.4. औद्योगिक क्रिया में जल की गुणवत्ता का परास

उद्योग	आविलता	रंग	कठोरता	क्षारीयता	पी.एच.	कुल घुलनशील ठोस	आयरन एवं मैग्नीशियम
ब्रेविंग	10	–	–	75-150	6.5-7.0	500-1000	0-1
कार्बोनेटेड ब्रिवेरेजेस	2	10	250	50	–	850	0.3
पल्प एव क्राफ्ट पेपर	15-50	10-20	100-180	–	–	200-300	1-2.0
फाइन पेपर	5	5	50	–	–	200	0.1
टेनिंग	20	10-100	50-135	135	6.0	–	0.2
टेक्सटाइल	–	20	20	–	–	–	–
रेयॉन	0.3	–	55	–	8-8.3	–	–

वस्तुतः औद्योगिक जल में गुणवत्ता की सबसे बड़ी समस्या है। बॉयलर में प्रयुक्त होने वाले जल, जिसको उच्च ताप तथा दाब पर रखना पड़ता है। ऐसी अवस्था में जल में उपस्थित कार्बोनेट तथा सल्फेट निर्धारक लवण होते हैं। बॉयलर में संक्षारण स्केल बनने (Corrosive Scale formation) तथा झाग आदि के गुण अवांछनीय होते हैं। जल में सोडियम सल्फेट एवं सोडियम हाइड्रॉक्साइड 2.5 के अनुपात से अधिक नहीं होने चाहिए अन्यथा संक्षारण उत्पन्न होने लगता है। ऐसे जल में सिलिका की अत्यल्प मात्रा भी अवांछनीय होती है।

वस्त्र उद्योग में कठोर जल के प्रयोग से फेब्रिक्स पर कैल्सियम तथा मैग्नीशियम

के यौगिक जमा हो जाते हैं जो रंगने की क्रिया में व्यवधान उत्पन्न करते हैं। इसके अतिरिक्त जल में आयरन, मैंगनीज की रंगने वाली प्रकृति के कारण प्रक्रिया में प्रयुक्त होने वाले उत्पाद जल में पूर्णतया अवांछनीय होते है।

चर्म उद्योग में वह जल जो हाइड्रस आदि की टेनिंग में प्रयुक्त होता है, उसमें बाइकार्बोनेट बहुत कम होने चाहिए अन्यथा वे बाद में चर्मशोधन में व्यवधान उत्पन्न करते हैं। कार्बनिक पदार्थ भी जल में नहीं होने चाहिए क्योंकि इनसे चमड़ा सड़ता है। इसी प्रकार आयरन तथा मैंगनीज भी नहीं होने चाहिए क्योंकि इनसे धब्बे पड़ते हैं।

खाद्य तथा केनिंग व्यवसाय में जल का उपयोग फलों, बीजों आदि को धोने, छिलने, विरंजन, पकाने आदि के उपयोग में लिया जाता है। पेय पदार्थ तैयार करने के लिए भी इसे काम में लिया जाता है। इस उद्योग के सारे उत्पाद मनुष्य द्वारा प्रत्यक्ष रूप से उपयोग में लिए जाते हैं। अतः इस कारण प्रयुक्त जल अत्यन्त शुद्ध, रंगहीन, मृदु, जीवाणु, विषाणु, विषाक्त पदार्थों, आयरन, मैंगनीज, स्वाद, गंध आदि से रहित होना चाहिए एवं अवांछनीय फफूंद, यीस्ट, आदि से भी मुक्त होना चाहिए।

बिल्डिग उद्योग में चूने की स्लेकिंग, मिक्सिग, ईटों आदि के निर्माण में उच्च गुणवत्ता वाले जल की आवश्यकता होती है। ईटें प्रायः सफेद, पीला, हरा, और कालापन लिए हुए रंग दर्शाती है। हरापन शैवालयुक्त जल के कारण होता है। काले धब्बे प्रायः कैल्सियम कार्बोनेट, कैल्सियम सल्फेट आदि के कारण होते हैं। यदि ईटों में कैल्सियम क्लोराइड उपस्थित होता हैं तो ये नमी अवशोषित करती हैं जिससे दीवारें सीलन युक्त बन जाती है। यदि ईट में मैंगनीज, मैग्नीशियम, कैल्सियम आदि के सल्फेट की मात्रा अधिक है तो वहाँ निर्जलीकरण द्वारा जल बाहर निकल आता है जिससे प्लास्टर में दरारें आ जाती हैं। इसी प्रकार जल में नाइट्रेट की अधिकता से दीवारों में ट्यूबरकुलेशन (Tuberculation) हो जाता है तथा दीवारें बहुत कमजोर हो जाती है।

(ब) मनोरंजनार्थ नौकायन

5.0 मि.ग्रा./लीटर से कम 16 घंटे प्रतिदिन, सदैव 3 मि.ग्रा./लीटर, CO_2, 40 मि.ग्रा./लीटर 20 मि.ग्रा./ली., पी.एच. 5-9 (प्रतिदिन 6.5-8.5) ताप 20 सें., विषैले पदार्थ 0.1 मिडियन 48 घंटे सहिष्णुता।

(स) स्नानार्थ

इसमें 0.4 पी.पी.एम. मुक्त क्लोरीन होना आवश्यक है तथा आवश्यक विलयित ऑक्सीजन संतृप्तता तक होनी चाहिए। (सारणी 4.5)

सारणी 4.5. स्नानार्थ जल की अनुमेय परास

प्राचल	सहनीय परास
पी.एच.	6.5-8.5
घुलनशील ऑक्सीजन (मि.ग्रा/लीटर)	<5 मि.ग्रा/लीटर
जैविक ऑक्सीजन मांग	3
कुल कॉलीफार्म जीवाणु एम.पी.एन/100 मि.ली.	—
फ्लोराइड (मि.ग्रा/लीटर)	1.5
रंग (इकाई)	7
सायनाइड (मि.ग्रा/लीटर)	0.05
आर्सेनिक (मि.ग्रा/लीटर)	0.2
फिनोलिक यौगिक (मि.ग्रा/लीटर)	0.005
क्रोमियम (मि.ग्रा/लीटर)	0.05
ऋणात्मक अपमार्जक (मि.ग्रा/लीटर)	1

(द) पशुओं के लिए जल मानक

सामान्यतया मनुष्यों के लिये जो मानक हैं उन्हें ही पशुओं पर लागू किया जाता है परन्तु यह देखा गया है कि यह पशुओं के झुंड, उनके आकार तथा चरने की आदतों पर भी निर्भर करता है। अमेरिका में जल की विद्युत चालकता को मानदंड माना गया है।

उदाहरण के तौर पर 1,000 मि.ग्रा./लीटर विद्युत चालकता (<1.5 ms cm^{-1}) सभी वर्ग के पशुओं तथा पक्षीपालन के लिए उत्तम है। यह मात्रा 3000 विद्युत चालकता (Ec = 1.5-5) तक बढ़ जाने पर भी संतोषजनक मानी जाती है। परन्तु अत्यधिक लवणीय जल पशु स्थास्थ्य के लिये हानिकारक होता है। सारणी 4.6 में मत्स्य पालन एवं वन्यजीव संवर्द्धन हेतु जल का अनुमेय परास वर्णित किया गया है तथा सारणी 4.7 में जल में विभिन्न यौगिकों की अनुमेय मात्रा दी गई है।यह देखा गया है कि मनुष्य की अपेक्षा पशु अधिक लवणीय जल पीने में सक्षम होते हैं।

सारणी 4.6. मत्स्य पालन एवं वन्य जीव संवर्द्धन हेतु जल का अनुमेय परास

प्राचल	अनुमेय परास
पी.एच.	6.5 - 8.5
घुलनशील ऑक्सीजन (मि.ग्रा/लीटर)	4
मुक्त अमोनिया (मि.ग्रा/लीटर)	0.2
विद्युत चालकता (मि. मोहज/से.मी.)	100×10^{-6}
मुक्त कार्बनडाइ ऑक्साइड (मि.ग्रा/ लीटर)	6
तेल एवं ग्रीज (मि.ग्रा/लीटर)	0.1
अल्फा उत्सर्जक	10^{-9}
बीटा उत्सर्जक	10^{-8}

सारणी 4.7. जल में विभिन्न यौगिकों की अनुमेय मात्रा

यौगिक	मात्रा (मि.ग्रा/लीटर)
कैडमियम	0.05
क्रोमियम	1.0
तांबा	0.5
फ्लोराइड	1.5
सीसा	0.1
पारा	0.001
नाइट्राइट + नाइट्रेट	100
सेलेनियम	0.01

(य) सिंचाई जल के मानक

जल की विद्युत चालकता के आधार पर सिंचाई जल की चार श्रेणियाँ बनाई गई है।

C_1 $\nless$ 250 – कम लवणीय जल — अधिकांश मिट्टियों में अधिकांश फसलों की सिंचाई के लिए उपयुक्त।

C_2 250-750 – मध्यम लवणीय जल — मध्यम लवण सहिष्णुतावाली फसलों यथा-टमाटर, आलू, कपास, जौ।

C_3 750-2250 – उच्च लवणीय जल — प्रतिबंधित जल निकास वाली मिट्टियों के लिये

C_4 2250-5000 – अत्युच्च लवणीय जल — सिंचाई के लिये अनुपयुक्त

जल में सौन्दर्य एवं स्वाद से संबंधित विभिन्न प्राचलों की मात्रा से संबंधित दिशा निर्देश सारणी 4.8 में दिए गए हैं।

सारणी 4.8. सौन्दर्य तथा स्वाद से संबंधित पदार्थों की मात्रा से संबंधित दिशा निर्देश

प्राचल	दिशा निर्देश मान*
एलुमिनियम	0.2
क्लोराइड	250
कॉपर	1.0
कठोरता	500
लौह	0.3
मैंगनीज	0.1
कुल घुलनशील ठोस	1000
सल्फेट	400
गंदलापन	5.0
जिंक	5.0
पी.एच.	6.5-8.5

*पी.एच. के अतिरिक्त सभी मि.ग्रा/लीटर

मरूस्थल का विलक्षण जल

मरूस्थल के नाम से अत्यधिक लोकप्रिय राजस्थान का पश्चिमी भाग अपनी प्राकृतिक भौगोलिक एवं सांस्कृतिक दृष्टि से बहुत महत्त्वपूर्ण है। अभी तक इस मरूस्थल में कई ऐसे स्थान हैं जहाँ पानी के लिए बहुत दूर जाना पड़ता है तो कहीं पर पथरीले क्षेत्रों के कारण कृषि भी नहीं हो पाती है। मरू क्षेत्रों में प्रतिवर्ष औसत वर्षा 100 से 420 मि.मी. से अधिक नहीं होती है तथा प्रत्येक तीन-चार वर्ष बाद अकाल एवं सूखे की स्थिति होती है। यहाँ वायु का वेग 16 कि.मी. प्रतिघंटा से भी अधिक होता है। मरूस्थल के वाशिन्दों ने अपने आपको इस स्थिति के अनुरूप ढाल दिया है।

वस्तुतः मरू क्षेत्रों में पानी एक दुर्लभ वस्तु है तथा इसकी भीषण समस्या भी है। मरू क्षेत्रों में भू जल की स्थिति जलभृतों की प्रकृति तथा भू-आकारिकी पर सामान्यतया निर्भर होती है। राजस्थान के मरू क्षेत्रों में भू जल मुख्यतया कैम्ब्रियन पूर्व से चतुष्क अवस्था वाली चट्टानों में पाया जाता है। कठोर क्रिस्टलीय चट्टानों यथा- नीस, सिस्ट, फाइलाइट्स तथा क्वार्ट्ज़ाइट में भू जल मिलता है तथा संयुक्त रूप से विभंग, शल्कन प्लेन तथा अपक्षयमुखी क्षेत्रों में गमन करता है। तलछटी चट्टानों में जैसे- बालुकाश्म में भू-जल मिलता है तथा इसका गमन छिद्ररूप में

कणिक तलछठ के अंतराली मुख द्वारा होता है। पश्चिमी राजस्थान में भू जल कठोर तथा जलोढ़ शैल समूह में मिलता है। तृतीयक प्राचीन अवस्था के बालुकाश्म में भूजल अर्ध परिरूद्ध से परिरुद्ध दशा में अपारगम्य संस्तर में मिलता है। रूक्ष क्षेत्रों में भू जल 19 मीटर से 140 मीटर तक की गहराई में मिलता है। बीकानेर क्षेत्र के भागों में सबसे अधिक गहराई में भू जल मिलता है।

मरू क्षेत्रों में सतही तथा अर्धसतही जल निकास व्यवस्था न होने के कारण इसके कई भागों में भू जल अत्यधिक खारा हो गया है। इस दृष्टि से इसकी भू जल रचना अन्य क्षेत्रों से जटिल है। इन क्षेत्रों के भू जल में विभिन्न रासायनिक संघटकों के वितरण में भी असाम्य अवस्था व्याप्त है। अतः गुणवत्ता की दृष्टि से भी भू जल विषम है। यहाँ अत्यधिक लवणीयता के अतिरिक्त भू जल में नाइट्रेट एवं फ्लोराइड का सान्द्रण भी निर्धारित परास से अधिक है। इस कारण इनसे संभावित रोगियों की संख्या भी इन क्षेत्रों से अधिक हैं। इसी प्रकार सिंचाई हेतु प्रयुक्त किये जाने वाले जल में सोडियम अधिशोषण अनुपात एवं अवशिष्ट सोडियम कार्बोनेट मान भी निर्धारित सीमा से अधिक होने के कारण इन क्षेत्रों का जल लवण सहनशील फसलों के उत्पादन में अधिक उपादेय है। अतः यह कहा जा सकता है कि मरूस्थलीय जल की विलक्षण गुणवत्ता है।

विभिन्न उद्योगों तथा खाद्यान्न फसलों आदि हेतु जल खपत

एक ओर जहाँ जल जीवन के लिए आवश्यक है वहाँ आज सारा औद्योगिक विकास उत्तम गुणवत्ता वाले जल के बिना संभव नहीं है। वस्तुतः उद्योगों के लिए यह बहुमूल्य कच्चा माल है। वर्तमान में सम्पूर्ण जल-खपत की 21 प्रतिशत खपत ऊर्जा उत्पादन तथा उद्योगों के लिए होती है और यह वर्ष 2004 में 28 प्रतिशत तक बढ़ जाने की संभावना है। यह जल भाप बनाने, शीतलन के लिए, विभिन्न यंत्रों के धोने में, फर्श आदि तथा कच्चे माल की सफाई में, उत्पाद की धुलाई में, निर्माण की विभिन्न प्रक्रियाओं में एवं अनचाहे उत्पाद आदि को अलग करने आदि के उपयोग में लिया जाता है। इसके अतिरिक्त जल औद्योगिक बहिःस्रावों के वाहन हेतु तथा सीवरेज आदि के बहाने में भी अहम् भूमिका निभाता है। इसकी कितनी मात्रा की वस्तुतः आवश्यकता होगी, यह संबंधित कार्य के उद्देश्य पर निर्भर करती है। परमाणु विद्युत संयंत्रों, थर्मल प्लान्ट, पम्प एवं पेपर, संश्लेषित फाइबर - रेयॉन, स्टील चर्मशोधक कारखाना (टेनरी), आयल रिफाइनरी आदि में प्रचुर मात्रा में जल की खपत होती है। केन्द्रीय प्रदूषण नियंत्रण बोर्ड द्वारा विभिन्न उद्योगों के लिए जल उपयोग की अधिकतम सीमा निर्धारित की गई है जो सारणी 4.9 में दर्शाई गयी है।

विभिन्न फसलों के लिए जल की आवश्यकता पड़ती है। उचित समय पर जल

न मिलने से पैदावार अपेक्षित सीमा तक नहीं हो सकती है। विभिन्न उद्योगों तथा कृषि कार्यों के लिए जल-खपत का ब्यौरा निम्न है :

(क) विभिन्न उद्योगों में जल - खपत

- फैरस मेटलर्जिकल उद्योग, नॉन फैरस मैटलर्जिकल उद्योग, कैमिकल उद्योग, कपड़ा उद्योग, कागज उद्योग, फर्टिलाइजर (उर्वरक) उद्योग, जीव तथा वानस्पतिक उत्पादों (दूध, मांस, खालें, चमड़ा तथा कृषि उत्पाद तथा उनके अपशिष्ट) में जल की खपत सारणी - 4.9 में दी गई है।
- दस लाख किलोवाट क्षमता वाले परमाणु विद्युत संयंत्रों में प्रति मिनट 30 लाख लीटर जल की आवश्यकता पड़ती है।

सारणी 4.9. केन्द्रीय प्रदूषण नियंत्रण बोर्ड द्वारा विर्निदिष्ट विभिन्न उद्योगों के लिए जल प्रयोग की अधिकतम सीमा

क्रं. सं.	उद्योग का नाम	श्रेणी	जल उपयोग की अधिकतम मात्रा
1	फैरस मैटलर्जिकल उद्योग	लोह तथा इस्पात	20 घन मीटर जल खपत; प्रति मीट्रिक टन तैयार इस्पात के अनुसार
2	नॉन फैरस मैटलर्जिकल उद्योग	(क) कॉपर स्मेल्टर	100 घन मीटर जल खपत, प्रति मीट्रिक टन तैयार ताँबा (कॉपर) के अनुसार
		(ख) जिंक स्मेल्टर	50 घन मीटर जल खपत, प्रति मीट्रिक टन जिंक धातु के निर्माण के अनुसार
3.	केमिकल उद्योग	(क) कास्टिक सोड़ा (i) मरकरी सैल प्रोसेस	5 घन मीटर जल खपत, प्रति मीट्रिक टन बने कास्टिक सोड़ा के निर्माण के अनुसार यह मात्रा कुलिंग जल के अतिरिक्त है तथां 5 घन मीटर जल खपत; प्रति मीट्रिक टन बने कास्टिक सोड़ा के निर्माण के अनुसार। यह मात्रा कूलिंग जल के लिए हैं।
		(ii) सैल मैम्ब्रेन प्रोसेस	5 घन मीटर जल खपत; प्रति मीट्रिक टन बने कास्टिक सोड़ा के निर्माण के अनुसार इसमें कूलिंग जल भी सम्मिलित है।
4.	कपड़ा उद्योग	(क) मानव निर्मित रेशे (फाइबर)	
		(i) नायलॉन तथा पॉलियेस्टर	170 घन मीटर जल खपत; प्रति मीट्रिक टन बने फाइबर के अनुसार
		(ii) विस्कॉस रेयॉन	200 घन मीटर जल खपत; प्रति मीट्रिक टन बने फाइबर के अनुसार
5.	कागज उद्योग	(क) लघु उद्योग क्षेत्र के पेपर और पल्प उद्योग	

		(i) एग्रो - रेजिड्यू पर आधारित	200 घन मीटर जल खपत; प्रति मीट्रिक टन बने कागज़ के अनुसार
		(ii) वेस्ट-पेपर पर आधारित	75 घन मीटर जल खपत; प्रति मीट्रिक टन बने कागज के अनुसार
		(ख) बड़े पैमाने के पेपर और पल्प उद्योग	
		(i) पल्प एवं पेपर	250 घन मीटर जल खपत, प्रति मीट्रिक टन बने कागज के अनुसार
		(ii) रेयॉन - ग्रेड उद्योग	200 घन मीटर जल खपत; प्रति मीट्रिक टन बने यूरिया
6	फर्टिलाइजर (उर्वरक) उद्योग	(क) नाइट्रोजन मय उर्वरक	15 घन मीटर जल खपत; प्रति मीट्रिक टन बने कागज़ के अनुसार
		(ख) स्ट्रेट फास्फेटिक फर्टिलाइजर	2 घन मीटर जल खपत; प्रति मीट्रिक टन बने सिंगल सुपर फास्फेट/ट्रिपल सुपर फास्फेट के अनुसार
		(ग) कॉम्पलेक्स फर्टिलाइजर	15 घन मीटर जल खपत; प्रति मीट्रिक टन की दर से यदि प्राथमिक फर्टिलाइजर नाइट्रोजनस हो तथा 2 घन मीटर जल खपत, प्रति मीट्रिक टन की दर से यदि प्राथमिक फर्टिलाइजर हो ।
7.	जीव तथा वनस्पतिक उत्पादों (जिसमें दूध, मीट, खालें, चमड़ा) तथा कृषि उत्पाद तथा उनके अपशिष्ट)	(i) चमड़ा उद्योग (टेनरीज)	30 घनमीटर जल प्रति मीट्रिक टन कच्चे चमड़े के अनुसार
		(ii) प्राकृतिक रबड़ उद्योग	6 घनमीटर जल प्रति मीट्रिक टन रबड़ के अनुसार
		(iii) स्टार्च, ग्लूकोज तथा सम्बन्धित उत्पाद उद्योग	10 घनमीटर जल प्रति मीट्रिक टन मक्का की पिसाई के अनुसार
		(iv) डेयरी उद्योग	4 घनमीटर जल प्रति किलोमीटर दूध के तैयार करने में
		(v) जूट उद्योग	1.5 घनमीटर जल प्रति मीट्रिक टन जूट के तैयार करने में
		(vi) चीनी उद्योग	2 घनमीटर जल प्रति मीट्रिक टन गन्ने की पिसाई के अनुसार
		(vii) माल्ट्री	8.5 घनमीटर जल प्रति मीट्रिक टन दानों की पिसाई के अनुसार
		(viii) बुअरी	1.0 घनमीटर जल प्रति एक किलोमीटर बीयर के उत्पादन में
		(ix) डिस्टलरी	15 घनमीटर जल प्रति किलोलीटर एल्कोहल के उत्पादन के अनुसार

- थर्मल पावर स्टेशन में एक मीट्रिक टन कोक-दहन हेतु की गयी प्रक्रिया में 50 हजार लीटर जल की आवश्यकता पड़ती है ।

- एक मीट्रिक टन पैट्रोलियम के शोधन में 18,000 लीटर जल की आवश्यकता पड़ती है।
- देश भर के सभी समाचार पत्रों की एक दिन की छपाई के लिए 10,000 लाख लीटर जल चाहिए।
- एक किलोवाट जल विद्युत प्राप्त करने के लिए 20,000 लीटर जल की आवश्यकता होती है।
- एक मीट्रिक टन अमोनिया के उत्पादन में 1,000 घन मीटर जल की आवश्यकता पड़ती है।
- एक मीट्रिक टन सीमेन्ट उत्पादन में 3,750 लीटर जल की आवश्यकता पड़ती है।
- एक मीट्रिक टन निकिल धातु की उत्पादन प्रक्रिया में 4,000 घन मीटर जल चाहिए।
- एक मीट्रिक टन लीनन के उत्पादन में 250 घन मीटर जल की आवश्यकता पड़ती है।

(ख) विभिन्न खाद्यान्न फसलों के लिए जल-खपत

किसान भाई एक वर्ष में विभिन्न खाद्यान्न फसलों के लिए 14 मिलियन हैक्टेयर मीटर शुद्ध जल सिंचाई हेतु उपयोग में लाते हैं। इसमें से 50 प्रतिशत जल केवल धान की खेती के सिंचाई के कार्य में ही खर्च हो जाता है। वास्तव में धान की फसल को, सिंचाई जल का सर्वाधिक अकुशल प्रयोगकर्त्ता माना जा सकता है, क्योंकि यह फसल जल का प्रयोग तो अधिक करती है किन्तु उपज कम से कम देती है। कुछ खाद्यान्न फसलों के लिए सिंचाई- जल की आवश्यकता तथा प्रति मि.मी. जल किलोग्राम/ हैक्टेयर उपज सारणी 4.10 में दी गई है।

सारणी 4.10. विभिन्न खाद्यान्न फसलों के लिए जल की आवश्यकता

फसल	जल आवश्यकता (मि.मी. में)	उपज (किग्रा/ हैक्टेयर)	प्रति मि.मी. जल (किग्रा/हैक्टेयर उपज)
चावल	1200	4500	3.7
सौरगम	500	4500	9.0
बाजरा	500	4400	8.0
मक्का	625	5000	8.0
गेहूँ	500	5000	12.5

इसके अतिरिक्त कुछ सब्जियों एवं फसलों के सन्दर्भ में भी जल की खपत निम्नवत है।

- एक किलोग्राम पालक पैदा करने में 50 लीटर जल की खपत होती है।
- एक किलोग्राम गेहूँ पैदा करने में लगभग 500 लीटर जल की आवश्यकता पड़ती है।
- एक हैक्टेयर में फैली मक्का की फसल की सिंचाई हेतु 30 लाख लीटर जल चाहिए।
- पत्ता गोभी तथा धान की एक हैक्टेयर में फैली फसल के लिए क्रमशः 80 लाख तथा 150 लाख लीटर जल की आवश्यकता पड़ती है।
- एक मीट्रिक टन कपास पैदा करने के लिए 29,000 घन मीटर जल खर्च होता है।
- गेहूँ के मुकाबले गन्ने की खेती में जल की आवश्यकता, दस गुनी अधिक अर्थात् 50,000 घन मीटर होती है।

अध्याय 5

जल संरक्षण - भविष्य की आवश्यकता

जैसा कि विदित है पृथ्वी पर जल की बहुलता प्रतीत होती है, परन्तु वह सभी पेय रूप में नहीं है। सम्पूर्ण जल का 97 प्रतिशत महासागरों में विद्यमान है जो लवणीय होने के कारण उपयोगी नहीं हैं। अन्य 2 प्रतिशत हिमनदों तथा पर्वत शिखरों को आच्छादित करने वाली बर्फ के रूप में हैं तथा मात्र एक प्रतिशत की मात्रा ही हमारे उपयोग हेतु उपलब्ध है। अतः यह इस बात को दर्शाता है कि जल की बढ़ती हुई मांग की पूर्ति के लिए भविष्य के लिए जल संरक्षण करना बहुत ही आवश्यक होगा।

जब हम जल के उपयोग की बात करते हैं, तब हमारे द्वारा व्यक्तिगत रूप से किये जाने वाले कार्यों, जैसे- पीना, धोना, नहाना, आदि का ध्यान मन में पहले आता है, फिर हम ऐसी प्रवृत्तियों के बारे में सोचते हैं, जिनमें जल का उपयोग स्वाभाविक है यथा - कृषि एवं उद्योग। वस्तुतः विचार करने पर विदित होता है कि हमारे जीवन का प्रत्येक कार्य जलाधारित है। हमारे देश में जल का सर्वाधिक उपयोग कृषि में होता है तथा आंकड़े दर्शाते हैं कि 85 से 90 प्रतिशत जल की खपत कृषि कार्यों में होती है। एक किलोग्राम गेहूँ उत्पन्न करने के लिये 500 कि.ग्रा. जल की आवश्यकता होती है। जल के बिना कृषि के सभी आदान निरर्थक है। उद्योगों के लिए भी पानी परमावश्यक साधन है। उद्योगों में लगने वाले पानी का 60 प्रतिशत बिजली निर्माण तथा 40 प्रतिशत विभिन्न औद्योगिक प्रक्रमों के लिये होता है। प्रायः उद्योगों में पानी का विभिन्न प्रकार में उपयोग होता है- घुलाने वाले तरल रूप में, ऊष्मा को स्थानांतरित करने वाले माध्यम के रूप में, प्रक्षालन करने वाले साधन के रूप में तथा शीतलक के रूप में। बहुत ही कम लोगों को ज्ञात होगा की रोजमर्रा के उपयोग की वस्तुओं को बनाने में कितने पानी की आवश्यकता हुई होगी। उदाहरण के लिये एक टन इस्पात या कागज बनाने के लिये सौ टन जल चाहिए तथा एक टन प्लास्टिक

बनाने के लिये 30 टन, इसी प्रकार एक लीटर पेट्रोल को परिशुद्ध करने के लिए 70 लीटर जल की आवश्यक होती है।

पूर्व व्यवस्था

स्वतंत्रता प्राप्ति से पूर्व हर गांव में कुंओं के अतिरिक्त सार्वजनिक तालाब होते थे, जिनके पीछे बड़े-बड़े पायतन होते थे तथा उन पायतनों में चरागाह होते थे जहाँ गांव का पशुधन चरता था। गांव के सार्वजनिक तालाब की सामुदायिक वार्षिक खुदाई होती थी जिसमें प्रत्येक परिवार हिस्सा लेता था तथा इसके कारण पूरा गांव एक सूत्र में बंधा रहता था। इन चरागाहों कां पर्यावरण की रक्षा के लिये एक चौकीदार का सा दायित्व होता था। गांव के संभ्रान्त तथा दानी लोग वर्षा के जल को एकत्रित करने के लिये कुंड एवं बावड़ियों का निर्माण करवाते थे। जिन गांवों या शहरों में पीने का पानी लवणीय होता था, वहाँ किसी घर का निर्माण बिना कुंड के नहीं होता था। इस प्रकार प्रत्येक परिवार का अलग-अलग कुंड होता था। पूर्व में पानी की मितव्यतता पर हमारा सम्पूर्ण जीवन क्रम आधारित था। एक गिलास पानी गिरा देने पर माता-पिता अपने बच्चों को ताड़ना देते थे और पानी की एक-एक बूंद तक जल के पुनर्पयोग पर जीवनचर्या चलती थी। बाल्टी में धुले कपड़े खंगालने के बाद उसी पानी को घर धोने में काम में लिया जाता था। स्वतंत्रता के बाद तालाबों के पायतनों को या तो कृषि के लिये आवंटित कर दिया गया था वहाँ आवासीय क्षेत्र बन गये हैं। जनसंख्या तथा शहरीकरण की वृद्धि ने चरागाहों को लगभग समाप्त कर दिया है तथा दिन-प्रतिदिन अतिक्रमण हो रहा है। हमारा रहन-सहन इतना बदल गया है कि जल की मितव्ययता के बारे में बात करना भी हास्यास्पद हो गया है।

बढ़ती हुई जल की मांग

बढ़ते हुए शहरीकरण तथा जनसंख्या वृद्धि के कारण जल की अत्यधिक मांग बढ़ रही है तथा मानवीय प्रक्रियाओं के कारण जल स्तर में निरन्तर गिरावट आ रही है। अत्यधिक जनसंख्या वृद्धि एक चिन्तनीय विषय है। अकेले भारत की जनसंख्या एक अरब पहुँच गई है, जबकि जल की उपलब्धता तो सीमित ही है। न केवल जनसंख्या वृद्धि एक चिन्तनीय विषय है वरन् हम ऐसी जीवन पद्धतियों को भी अपनाते जा रहे हैं जो कि अधिकाधिक जल की मांग करती है। हम जल का अपव्यय भी करते हैं और उसे प्रदूषित भी करते हैं।

आपने भी अनुभव किया होगा कि बहुधा हमारे घरों में नल खुले रह जाते हैं तथा पानी बेकार बहता जाता है। सार्वजनिक स्थानों, मौहल्लों, रेल्वे स्टेशन आदि

स्थलों में इस प्रकार मात्र वाशर कट जाने से हजारों लीटर पानी बहता रहता है, जबकि मात्र दो-पांच रुपये लगाकर इस अपव्यय को रोका जा सकता है। यह भी अनुभव किया गया है कि सड़कों के किनारे अथवा अन्य स्थानों पर यदि जलदाय विभाग के पाइप फूट जाते हैं तो शीघ्रताशीघ्र सूचना देने पर इस अपव्यय को भी रोका जा सकता है।

वर्तमान वास्तुकला ने मकानों के बीच के चौक को हटाकर उसके चारों ओर खाली स्थान-छुड़वाने की बाध्यता उत्पन्न कर लान संस्कृति को पनपा दिया है। इसमें जल का बहुत दुरुपयोग होता है। आज खाना पकाने के बर्तन भी ऐसे आ गए हैं, जिनको धोने के अलावा कोई विकल्प नहीं। नल खोलकर उसके नीचे बर्तन धोने के अब हम ऐसे अभ्यस्त हो चुके हैं कि राख या मिट्टी से बर्तन मांजना हीनता की भावना पैदा कर देता है।

यदि हम हमारे दैनिक जीवन की क्रियाओं की ओर दृष्टिपात करें तो हमें स्वतः ही विदित हो जायेगा कि छोटी सी असावधानी से कितना अधिक जल का अपव्यय होता है तथा अब यह हमारी आदत बन चुकी है। सारणी 5.1 में जल के अवांछनीय दुरुपयोग के बारे में जानकारी दी जा रही है। अतः जल के उपभोक्ताओं को इस जानकारी से सजग होना चाहिये कि वे मात्र अपनी आदतों में सुधार कर जल की कितनी मात्रा के अपव्यय को रोकने में सहायक हो सकते हैं।

जल संचयन

हमारे देश में प्रतिवर्ष 40 करोड़ हैक्टेयर मीटर वर्षा होती है। यदि इतने पानी को देश की सम्पूर्ण सतह पर फैलाया जाए तो पानी की गहराई एक मीटर होगी। परन्तु यह वर्षा न तो समय की दृष्टि से और न ही स्थान की दृष्टि से ठीक से वितरित है। वर्षा की सामान्यतया मध्य जून से मध्य सितम्बर तक की अवधि होती है। अतः यह अत्यावश्यक तथ्य है कि वर्षा के जल का अधिकतम संचयन किया जाय।

हमारे देश में जल-संचयन की प्राचीन परम्परा रही है। देश के अधिकतर भागों में परम्परागत जल स्रोतों की विशिष्ट भूमिका रही है। विशेषकर, उत्तर-पूर्व के राज्यों में तथा राजस्थान में इसकी भूमिका अभी तक महत्त्वपूर्ण बनी हुई है। राजस्थान में स्थापत्य कला के प्रेमी राजा-महाराजाओं तथा सेठ-साहूकारों ने अपने पूर्वजों की स्मृति में अथवा अपने नाम को चिरस्थाई बनाने के उद्देश्य से इस प्रदेश के विभिन्न भागों में कलात्मक बावड़ियों, कुओं, तालाबों, झालरों एवं कुंडों (चित्र 5.2) का निर्माण करवाया।इसके अतिरिक्त गुजरात के कई क्षेत्रों विशेषतः द्वारका क्षेत्र के लोग वर्षा जल का समुचित संरक्षण कर उसका किफायत से उपयोग करते हैं।

सारणी 5.1. दैनिक जीवन में पानी का अवांछित दुरुपयोग कैसे रोका जाय

क्रियाएं	वर्तमान तरीका	जल की उपयोग में लाई गई मात्रा	तरीका जिसका उपयोग किया जाय	इस तरीके में जल की मात्रा	जल के दुरुपयोग की मात्रा
दंत मंजन	नल को पांच मिनट तक चालू रखना	40 लीटर	मग या लोठा	1.5 लीटर	38.5 लीटर
हाथ धोना	नल को दो मिनट तक चालू रखा जाए	16 लीटर	बड़ा लोठा या बड़ा मग	2 लीटर	14 लीटर
शेविंग	नल को दो मिनट तक चालू रखा जाए	16 लीटर	शेविंग मग से	0.50 लीटर	15.5 लीटर
स्नान	साबुन लगाने के दौरान शावर चालू रखने से तथा शावर के नीचे बहुत देर तक रहने पर	90 लीटर	बाल्टी से	30 लीटर	60 लीटर
शौचालय	पुराने जमाने के अधिक क्षमता के सिस्टर्न उपयोग में लाने से।	13.5 लीटर या अधिक ठोस फल्श वाला	कम पानी के उपयोग वाले गीले फ्लश, पूरी तरह	4.5 लीटर 9.0 लीटर	4.5 लीटर या अधिक
बागवानी	हौस पाइप को पाँच मिनट चालू रखने से।	120 लीटर	जाली वाली पानी डालने की बाल्टी	10 लीटर	110 लीटर
फर्श धोने में	हौस पाईप को पांच मिनट चालू रखने से।	120 लीटर	बड़ी बाल्टी	20 लीटर	100 लीटर
कार धोने में	हौस पाईप को दस मिनट चालू रखने से।	240 लीटर	दो बड़ी बाल्टी	40 लीटर	200 लीटर
नल का निरंतर टपकना		25 ली./दिन	सामयिक चैकिंग	–	25 लीटर

परम्परागत जल संचयन

हमारे राजस्थान प्रदेश में विशेषतः रेगिस्तानी क्षेत्रों में वर्षा बहुत कम होती है, अतः यहाँ आरंभ से ही वर्षा के पानी को संग्रहण करने के अनेक तौर-तरीके अपनाये जा रहे हैं। व्यक्तिगत भूमि या गांव समुदाय की भूमि, दोनों तरह की भूमि में विशेष रूप से जल ग्रहण क्षेत्र को तैयार कर, उसके पानी को कुंड में एकत्र करने के कार्य राजस्थान के अनेक क्षेत्रों में देखे जा सकते हैं। राजस्थान के किले तो वैसे भी प्रसिद्ध है पर इनका जल प्रबंध विशेष रूप से देखने योग्य है तथा शिक्षाप्रद भी है। उदाहरण के तौर पर चित्तौड़ के किले में हाथी कुंड के सीपेज से गौमुख का झरना बनता है। तथा इस झरने से फिर चित्तौड़ के किले का मुख्य जलाशय बनता है। न केवल किले वरन् सामान्य आवासों में आंगन या बरामदे में कुंड बनाकर व छतों पर उचित

चित्र 5.1 सुरक्षित टांका

चित्र 5.2. सुरक्षित कुंड

व्यवस्था पर वर्षा के जल संग्रहण की व्यवस्था राजस्थान में कई स्थानों पर देखी जा सकती है। विशेष बात यह है कि राजस्थान के रेतीले भाग जैसलमेर में बहुत कम वर्षा होती है परन्तु वहाँ भी विगत कुछ वर्षों की कुछ समस्याओं के आने से पूर्व तक, परम्परागत प्रबंधन से पर्याप्त पेयजल की व्यवस्था कर लोग इस महत्वपूर्ण क्षेत्र में काफी हद तक आत्मनिर्भर बने हुए थे। बढ़ती हुई जनसंख्या तथा औद्योगिकीकरण के कारण प्राकृतिक जल आपूर्ति के नियंत्रण पर अधिक ध्यान देना आवश्यक हो गया है। जलापूर्ति प्रायः मांग से कम रहती है। अतएव जलाशय अथवा पारम्परिक स्त्रोतों के रूप में जल संग्रहण बहुत आवश्यक है।

आजकल यह कार्य सरकारी प्रोत्साहन से भी हो रहा है जैसे हमारे प्रदेश में कुंड बनाने के लिए सरकार भी सहायता कर रही है, कुछ विदेशी सहायता प्रदान करने वाली संस्थाएं भी परम्परागत जल स्त्रोतों में रुचि ले रही है तथा तालाब, बावड़ियों आदि बनाने के कार्य में अनेक स्वयंसेवी संस्थाओं ने भी महत्वपूर्ण कार्य किया है। टांकों एवं नाडियों में सुधार की आवश्यकता को देखते हुए जोधपुर में स्थित केन्द्रीय रूक्ष अनुसंधान संस्थान के वैज्ञानिकों ने इसमें सुधार कर वैज्ञानिक विधि से इन जल स्त्रोतों (चित्र 5.1) का निर्माण किया है जिससे जल का अपव्यय रोका जा सके। वर्तमान में सरकार ने नगरीय क्षेत्रों में भवन निर्माण हेतु अनुमति प्रदान करने की प्रक्रिया में जल संग्रहण हेतु कुंड का घर में प्रावधान होने पर ही स्वीकृति प्रदान करने का निश्चय किया है। यह देखा गया है कि तालाबों-नहरों आदि में सिंचाई के लिये उपलब्ध जल की बहुत बड़ी मात्रा वाष्पीकरण तथा भूमि के भीतर रिसाव के कारण नष्ट हो जाती है। इसी प्रकार सिचाई की परंपरागत प्रणालियों में भी बहुत पानी बिना पौधे की प्यास बुझाए ही व्यर्थ हो जाता है। अतः वैज्ञानिकों ने जल संरक्षण एवं जल की बचत की कई तकनीकें विकसित की है।

जल की सतह से वाष्पीकरण रोकने के लिये दो उपाय सुझाव सुझाए गये हैं। पहले उपाय में जल पर कोई ऐसा द्रव रसायन छोड़ दिया जाता है, जो पानी में घुलता नहीं, वरन् सतह पर फैलकर एक पतली फिल्म बना देता है। इससे जल-सतह वायु के सीधे सम्पर्क में नहीं आती तथा पानी का वाष्पीकरण नहीं होता है। अभी तक कुछ विशेष प्रकार के अल्कोहल (सिटाएल अल्कोहल) एवं मोम इस कार्य के लिये उपयुक्त पाए गए हैं। दूसरे उपाय में मोम, प्लास्टिक या किसी अन्य हल्के पदार्थ से बने चौकोर टुकड़े पानी की सतह पर तैरा दिए जाते हैं। इससे खुली हुई जल-सतह का क्षेत्रफल काफी घट जाता है, जिसके परिणामस्वरूप वाष्पीकरण कम होता है। खेतों में मिट्टी से पानी का वाष्पीकरण रोकने के लिए प्लास्टिक, कागज, तेल, रसायन आदि से पलवार (मल्च) लगाने की सलाह दी जाती है।

कच्चे तालाबों, नहरों आदि से पानी की एक बड़ी मात्रा भूमि के भीतर रिसकर

नष्ट हो जाती है। ऐसा भी देखा गया है कि पर्वतीय क्षेत्रों के तालाबों से प्रतिदिन प्रतिवर्ग मीटर 300-400 लीटर पानी भूमि में रिस जाता है। इस नुकसान को रोकने का एक उपाय तो यह हो सकता है कि सभी जलाशयों-नहरों आदि को कंक्रीट के प्रयोग से पक्का बनाया जाए, परन्तु यह महंगा उपाय है। अतः वैज्ञानिकों ने तालाबों-नहरों आदि में प्लास्टिक की चादर का अस्तर लगाने की सलाह दी है। इसके लिए कम घनत्व वाली पौलीएथीलीन फिल्म (एल.डी.पी.ई.) का प्रयोग करना चाहिए।

वर्षा जल संरक्षण

हमारे देश में विडंबना ही है कि देश के लगभग साढ़े पांच लाख गांवों में से एक लाख गांव आज भी पीने के पानी से त्रस्त हैं और दूसरी ओर प्रकृति प्रदत्त बरसात के रूप में प्रतिवर्ष भारत की भू-सतह पर गिरने वाले 4000 घन किलोमीटर जल का आधे से दो तिहाई हिस्सा बेकार बह जाता है। दूसरी तरफ तेजी से बढ़ती जनसंख्या के लिये भू जल का अंधाधुंध दोहन तथा पक्के मकानों, फर्शों व पक्की सड़कों के रूप में फैलता कंक्रीट का जंगल भूगर्भीय जल भंडार के लिये अशुभ संकेत दे रहा है।

भू-जल के अत्यधिक दोहन से उत्पन्न हुए गंभीर संकट का मुकाबला करने के लिये देश के कई भागों में वर्षा के पानी के संग्रह की योजना तैयार की गई है। इसके तहत वर्षाकाल में भवनों की छतों से बहने वाले पानी को संग्रहित करने की अनिवार्यता लागू करने के लिये नगरीय नियमों में सरकार संशोधन करने की योजना बना रही है। पर्यावरण प्रदूषण कानून के तहत भू-जल प्राधिकरण का गठन किया गया है। सर्वोच्च न्यायालय के निर्णय के तहत भू-जल पुनर्भरण के लिये आधारभूत ढांचा तैयार करने की अनिवार्यता का प्रावधान किया गया है। इसमें भवनों के मानचित्र और उनके उपयोग की अनुमति तभी दी जाए, जब उनमें बरसाती जल के संग्रह की व्यवस्था हो।

ऊपरी छत से वर्षा जल संरक्षण

वस्तुतः ऊपरी छत (Roof top) से वर्षा जल संग्रहण तकनीक गिरते भू जल को बढ़ाने का कारगर कदम है। इसमें वर्षा के दौरान व्यर्थ बह रहे जल को रोककर उसका व्यापक प्रबंधन किया जा सकता है। इमारतों की छतों के बरसाती पानी के संग्रह की व्यवस्था कम खर्चीली एवं अधिक प्रभावशाली है। इससे भूजल की गुणवत्ता में सुधार तथा भूंजल की पुनर्भरण क्षमता भी बढ़ती है। भू-जल में जीवाणु न होने के कारण यह ग्राह्य होता है। इस प्रकार की जल संग्रहण रचनाओं से बाढ़ में भी कमी आती है।इसकी आवश्यकता निम्न कारणों से पड़ती है।

- भू जल भण्डारण में वृद्धि और जल स्तर में गिरावट पर नियंत्रण करने के लिए।
- पानी के सतही बहाव, जो अन्यथा नालों में भरकर रूक जाता है, को कम करने के लिए।
- सड़कों पर पानी भरने से रोकने के लिए।
- जल की उपलब्धता को बढ़ाने के लिए।
- भू जल प्रदूषण को कम करने के लिए।
- भू जल की गुणवत्ता को बढ़ाने के लिए।
- अति दोहन के कारण खाली हुए जलभृतों में पुनः जल भरने के लिए।
- पर्याप्त पुनर्भरण की कमी वाले जलभृतों में जल आपूर्ति में सुधार करने के लिए।
- भविष्य में उपयोग के लिए अधिशेष जल को संचित करने के लिए।
- तूफानी जल प्रवाह को रोकने तथा मृदा कटाव को कम करने के लिए।
- भू-स्खलन को रोकने/बंद करने के लिये हाइड्रोस्टेटिक दबाव बढ़ाने के लिए।
- शहरी और औद्योगिक मल जल आदि का पुनः चक्रण करने के लिए।
- तटीय क्षेत्रों में लवणता प्रवेश रोकने के लिए।
- गांवों के तलाबों, बावड़ियों व अन्य विद्यमान संरचनाओं का जीर्णोद्धार करने के लिए।
- विद्यमान पुरानें कुओं और बोरवैल्स के साथ-साथ प्रचलनात्मक कुओं को भी साफ करके पुनर्भरण संरचनाओं के रूप में प्रयोग करने के लिए।

भू जल स्तर में गिरावट के कारण

भू जल स्तर में गिरावट के निम्न कारण हैं –

- देश की बढ़ी हुई जल की मांग को पूरा करने के लिए स्थानीय स्तर पर एवं/अथवा व्यापक स्तर पर जल का अति दोहन अथवा अत्यधिक जल निकासी।
- जल के अन्य स्तोत्रों का उपलब्ध न होना जिसके परिणामस्वरूप भूजल पर पूर्ण निर्भरता।
- जल की उचित मात्रा एवं जल को निश्चित समय पर उपलब्ध कराने की दृष्टि से अविश्वसनीय जल आपूर्ति, जिसके कारण लोगों द्वारा अपने संसाधनों की व्यवस्था करना।

- ग्राम - तालाबों, बावड़ियों, टैंकों जैसे जल संरक्षण के प्राचीन साधनों का उपयोग न करना तथा उसके परिणामस्वरूप भूजल निकासी पर अत्यधिक दबाव होना।

भू जल संसाधन के अत्यधिक दोहन के दुष्प्रभाव

भू जल संसाधनों के अत्यधिक दोहन के निम्न दुष्प्रभाव होते हैं –

- कुछ क्षेत्रों में जल स्तर में भारी गिरावट।
- कुओं/बोरवैल का सूखना।
- ऊर्जा के उपयोग में वृद्धि होना।
- तटीय क्षेत्रों में समुद्री जल का प्रवेश।
- भू जल की गुणवत्ता में गिरावट आना।

छत पर प्राप्त वर्षा जल को संचयन करने के लाभ

इसके प्रमुख लाभ निम्न हैं –

- जहाँ जल की अपर्याप्त आपूर्ति होती है या सतही संसाधन का या तो अभाव है य पर्याप्त नहीं है वहाँ यह जल समस्या का आदर्श समाधान है।
- वर्षा जल जीवाणुओं रहित, खनिज पदार्थ मुक्त तथा हल्का होता है।
- यह बाढ़ जैसी आपदा को कम करता है।
- भू जल की गुणवत्ता को विशेष तौर पर जिसमें फ्लोराइड तथा नाइट्रेट अधिक हों द्रवीकरण के द्वारा सुधारता है।
- सीवेज तथा गन्दे पानी में उत्पन्न जीवाणु तथा अन्य अशुद्धियों को समाप्त/कम करता है जिससे कि जल पुनः उपयोगी बनता है।
- वर्षा जल का संचयन जरूरत के स्थान पर किया जा सकता है तथा जरूरत के समय इसका प्रयोग कर सकते है।
- वर्षा जल के संचयन के लिए यह प्रणाली काफी सरल, सस्ती एवं पर्यावरण के अनुकूल है।
- शहरी क्षेत्रों में जहाँ पर शहरी क्रियाकलापों में वृद्धि के कारण भू जल के प्राकृतिक पुनर्भरण में तेजी से कमी आई है तथा कृत्रिम पुनर्भरण उपायों को क्रियान्वित करने के लिये पर्याप्त भूमि उपलब्ध नही है, भू जल भण्डारण का यह एक उचित विकल्प है।

छत से प्राप्त वर्षा जल से पुनर्भरण कैसे करें ?

छत पर प्राप्त, वर्षा जल का भूमि जल जलाशयों में पुनर्भरण निम्नलिखित संरचनाओं द्वारा किया जा सकता है।

(1) बंद/बेकार पड़े कुएं द्वारा

(2) बंद पड़े/चालू नलकूप (हैंडपम्प) द्वारा

(3) पुनर्भरण पिट (गड्ढ़ा) द्वारा

(4) पुनर्भरण खाई द्वारा

(5) गुरूत्वीय शीर्ष पुनर्भरण कुंए द्वारा

(6) पुनर्भरण शाफ्ट द्वारा

1. बंद/बेकार पड़े कुएं द्वारा

इसमें सूखे अनुपयोगी कुएं का उपयोग पुनर्भरण संरचना के रूप में कर सकते है। पुनर्भरित किये जा रहे वर्षा जल को एक पाईप के माध्यम से कुएं के तल या उसके जल स्तर के नीचे ले जाया जाता है जिससे कुंए के तल में गड्ढे होने व

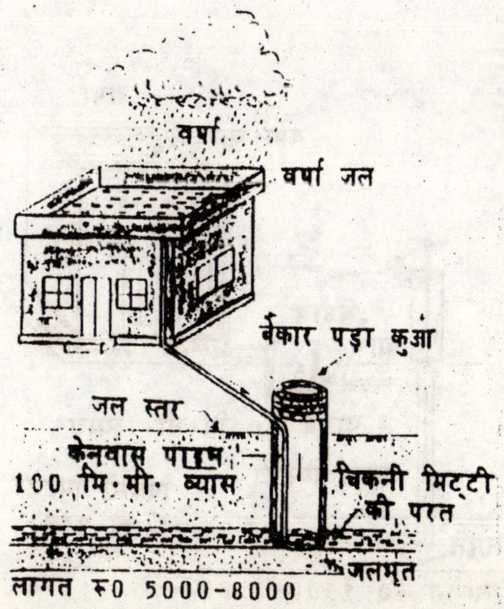

चित्र 5.3 बेकार पड़े कुओं द्वारा पुनर्भरण

जलभृत में हवा के बुलबुलों को फसने से रोका जा सके। कुएं को पुनर्भरण संरचना के रूप में इस्तेमाल से पहले, इसका तल साफ होना चाहिए तथा सभी निक्षेप को हटा लेना चाहिये। यह भी आवश्यक है कि पुनर्भरण जल गाद मुक्त होना चाहिए। तथा कुएं को नियमित रूप से साफ करना चाहिए। यह विधि बड़े भवन के लिये उपयुक्त है जिनका छत का क्षेत्र 1000 वर्ग मी. से अधिक है।जीवाणु संदूषक को नियंत्रित करने के लिये क्लोरीन आवधिक रूप से डालनी चाहिए। इस विधि को चित्र 5.3 में दर्शाया गया है।

2. बंद पड़े/चालू नलकूप (हैंडपम्प) द्वारा

बंद पड़े/चालू नलकूप का उपयोग भी पुनर्भरण में किया जा सकता है। यह संरचना छोटे भवन के लिये उपयुक्त है जिसका छत का क्षेत्रफल लगभग 150 वर्ग मी. तक हो। इसमें पानी को छत से हैंडपम्प तक 50 से 100 मि.मी. व्यास वाले पाइप द्वारा पहुंचाया जाता है। तथा चालू हैंडपम्प के चूषण पाइप में हवा के प्रवेश को रोकने के लिये हैंडपम्प के निकट जल प्रवाह प्रणाली में वाल्व लगाया जाता है।

इसमें भी यह आवश्यक है कि पुनर्भरण जल गाद मुक्त होना चाहिए। (चित्र 5.4)

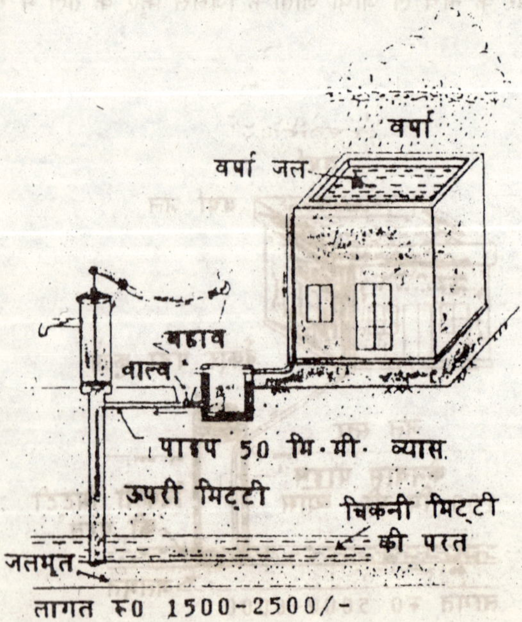

चित्र 5.4 हैण्डपम्प द्वारा पुनर्भरण

3. पुनर्भरण पिट (गड्ढ़ा) द्वारा

पुनर्भरण पिट का निर्माण छिछले जलभृत का पुनर्भरण करने के लिये होता है। इसका निर्माण सामान्यतया 1 से 2 मी. चौड़ा तथा 2 से 3 मी. गहरा किया जाता है। खुदाई करने के पश्चात गड्ढ़ों को शिलाखण्ड, रोड़ी व बजरी से भरा जाता है और ऊपर से रेत डाल दी जाती है। पुनर्भरण जल गाद मुक्त होना चाहिए। यह छोटे भवन के लिये उपयुक्त है जिसका छत क्षेत्रफल लगभग 100 वर्ग मी. तक हो। पुनर्भरण गड्ढ़ा किसी भी आकार में हो सकता है जैसे गोलाकार, वर्गाकार, आयताकार।

अगर गड्ढ़े का आकार समलम्बी है तो किनारों का ढ़लान काफी तीव्र होना चाहिए ताकि गाद जमा न हो सके। पुनर्भरण पिट को चित्र 5.5 में दर्शाया गया है।

लागत रू० 2500 – 5000

चित्र 5.5 पुनर्भरण पिट (गड्ढ़ा)

4. पुनर्भरण खाई द्वारा

इसका निर्माण तब करते हैं जब पर्याप्त मुटाई का भेद्य स्तर छिछले गहराई में उपलब्ध होता है। यह छिछले गहराई की खाई शिलाखण्ड तथा रोड़ी से भरी होती

है। इसका निर्माण जमीन की ढलान के आर पार किया जाता है। छत क्षेत्र तथा जमीन की उपलब्धता के आधार पर खाई 0.5 से 1 मी. चौड़ी 1 से 1.5 मी. गहरी तथा 10 से 20 मी. लम्बी हो सकती है।

यह विधि ऐसे भवन के लिये उपयुक्त है जिसका छत क्षेत्र 200 से 300 वर्ग मी. है। इस विधि में खाई की सफाई समय-समय पर करनी चाहिए। (चित्र 5.6)।

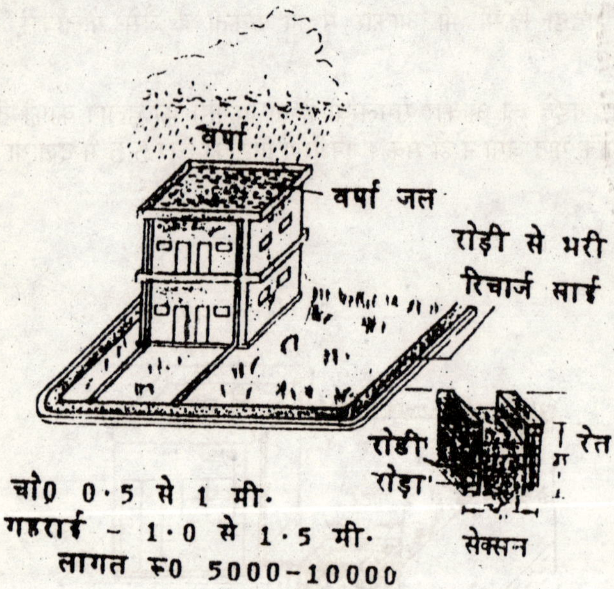

चित्र 5.6 खाई द्वारा पुनर्भरण

5. गुरूत्वीय शीर्ष पुनर्भरण कुंए द्वारा

इसमें बोरवैल/नल कूपों का इस्तेमाल पुनर्भरण संरचना के रूप में किया जा सकता है। यह विधि वहाँ उपयोगी है जहाँ जमीन की उपलब्धता सीमित है। तथा जब जलभृत गहरा हो तथा चिकनी मिट्टी से ढका हो। छत का वर्षा जल लगातार इसमें पहुंचता है तथा गुरुत्वीय बहाव द्वारा पुनर्भरण होता है। इसलिए यह आवश्यक है कि पुनर्भरण जल गाद मुक्त होना चाहिए। इसे पानी की निकासी के लिये भी प्रयोग में लाया जा सकता है। यह विधि उस क्षेत्र के लिये अधिक उपयोगी है जहाँ भू जल स्तर नीचे है। पुनर्भरण संरचनाओं की संख्या इमारतों के चारों ओर के सीमित क्षेत्र तथा छत के ऊपर के क्षेत्रफल को ध्यान में रखकर तथा जलभृत के स्वरूप को

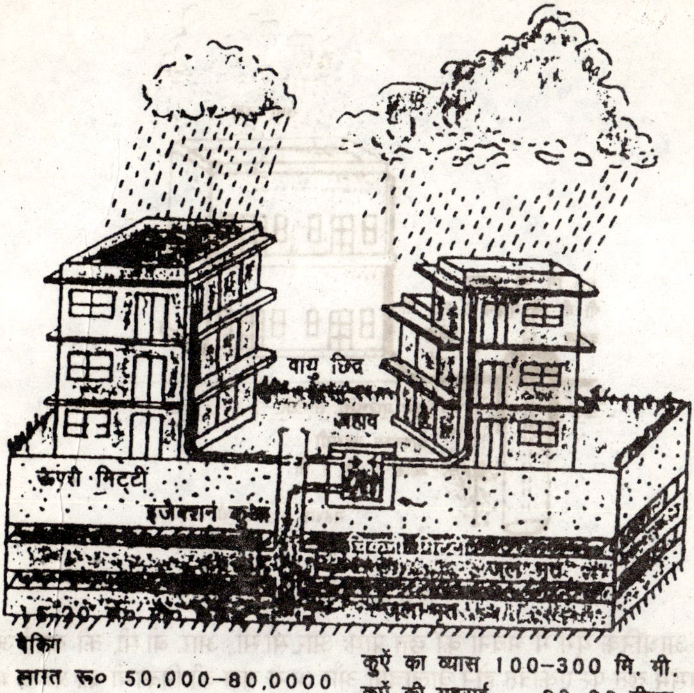

चित्र 5.7 गुरुत्वीय शीर्ष पुनर्भरण कुँआ

ध्यान में रखते हुए निश्चित की जा सकती है। इस विधि को चित्र 5.7 में दर्शाया गया है।

6. पुनर्भरण शाफ्ट द्वारा

पुनर्भरण शाफ्ट हाथों द्वारा अथवा रिवर्स/डायरेक्ट रोटेरी प्रक्रिया द्वारा खोदी जती है।पुनर्भरण शाफ्ट का व्यास 0.5 से 3 मीटर तक हो सकता है, जोकि पुनर्भरित किये जाने वाले पानी की उपलब्धता पर निर्भर करता है। इसका निर्माण वहाँ किया जाता है जहाँ छिछला जलभृत चिकनी मिट्टी की सतह के नीचे हों। पुनर्भरण शाफ्ट शिलाखण्ड, बजरी तथा परिष्कृत बालू से भरी होती है। इस शाफ्ट का निचला तल पारगम्य संरचना जैसे बालू रेत में होना चाहिए। शाफ्ट की गहराई भूमि स्तर के नीचे 10 से 15 मी. तक हो सकती है। सुरक्षा की दृष्टि से पुनर्भरण शाफ्ट का निर्माण भवनों से 10 से 15 मी. की दूरी पर होना चाहिये।अच्छे परिणाम हेतु शाफ्ट के ऊपर से रेत की परत को हटाकर इसे नियमित रूप से साफ करना चाहिए तथा दोबारा भरना चाहिए। इस विधि को चित्र 5.8 में दर्शाया गया है।

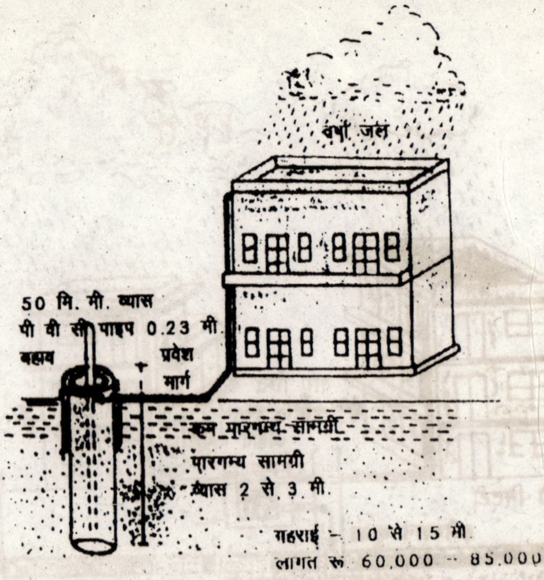

चित्र 5.8 पुनर्भरण शॉफ्ट

आधुनिक युग में भवनों की छत प्रायः आर.सी.सी., आर. बी.सी. की बनाई जाती है जिसमें छत पर एकत्रित होने वालीवर्षा और अन्य जल की निकासी का प्रबन्ध भली भांति किया जाता है। कई जगह इसको कुछ निकासी छिद्रों द्वारा नीचे गिरने दिया जाता है और कुछ भवनों में इसे नली के द्वारा भूतल में उतारा जाता है। इस तरह बहने वाले वर्षा जल को नली के माध्यम से कुएँ तक लाया जाता है। इस नली का एक किनारा वर्षा जल एकत्रित करने वाले पाइप से बांधा जाता है तथा दूसरा किनारा कुएँ के अंदर सुविधाजनक स्थिति में छोड़ा जाता है। (चित्र 5.9) कुएँ में छोड़े जाने वाले सिरे के मुंह पर एक प्लास्टिक की महीन जाली लगाई जाती है जिससे कि अनावश्यक कणों को कुएँ में जाने से रोका जा सके। इस विधि में कुछ सावधानियाँ भी रखी जाती है। जैसे कि छत को प्रयोग से पूर्व भली भाँति साफ कर लिया जाता है, प्रथम मानसूनी वर्षा जल को कुएँ में प्रवाहित नहीं किया जाता है एवं सूक्ष्म जीवाणुओं की उत्पत्ति को रोकने हेतु छंत पर अधिक समय तक जल एकत्रित नहीं किया जाता है। पाइप लाइनों को इस प्रकार मजबूती से बांधा जाता है कि कुएँ में लगी मोटर को कोई हानि नहीं पहुंचे। इस विधि को अपनाने से कुओं के जल स्तर में वृद्धि प्रेक्षित की गई। अतः वर्षा जल को छत से एकत्रित करना भू जल के कृत्रिम पुनर्भरण का प्रभावी कदम है।

अलग-अलग भौगोलिक परिस्थितियों को देखते हुए भू जल संवर्द्धन के लिए "रूफ वाटर हार्वेस्टिंग" के साथ-साथ अन्य तकनीकें भी काम में लाई जा रही है।

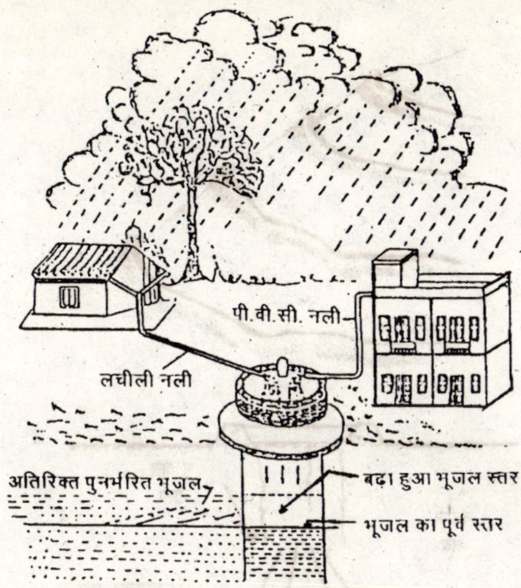

चित्र 5.9. छत से बहे हुए वर्षा जल द्वारा भू जल पुनर्भरण

तालाबों, कुओं, बावड़ियों जैसे प्राकृतिक जल स्रोतों की सफाई, उनके गहरीकरण व पुनर्भरण का काम भी बड़े पैमाने पर किया जा रहा है। छोटे नालों, पोखरों, अनुपयोगी खदानों में भी बंधान, रिचार्ज शॉफ्ट, परकोलेशन टैंक, परकोलेशन पिट, कन्टूर ट्रेंच, खंती आदि संरचनाओं के माध्यम से आकाश से बरसने वाली एक-एक बूंद को संग्रहित किया जा रहा है। तालाबों या नलों में रिचार्ज शॉफ्ट, परकोलेशन टैंक, हैण्डपम्प से वर्षभर बहने वाले व्यर्थ पानी को जमीन में रिसाने के लिए परकोलेशन पिट, जल्दी सूख जाने वाले कुओं में रिचार्ज बोरवेल या फिल्टर पिट द्वारा पुनर्भरण, अनुपयोगी खनिज खदानों द्वारा रिचार्जिंग, तालाबों में रिचार्ज नलकूप, पहाड़ी क्षेत्रों में ढलान वाली जगह पर कन्टूर ट्रेंच, नालों में लूज बोल्डर चैक आदि तकनीकों का प्रयोग कर तथा भौगोलिक क्षेत्रों अनुसार उनमें सुधार कर भू जल स्तर में वृद्धि की जा सकती है (चित्र 5.10)।

राजस्थान में जल संग्रहण कार्यक्रम

राज्य सरकार जल संग्रहण कार्यक्रम के प्रति बहुत सजग तथा अभिरूचि ले रही है। हाल ही में राजस्थान सरकार ने जल संग्रहण कार्य को अधिक प्रभावशाली बनाने हेतु 500 वर्गमीटर से बड़े सरकारी एवं गैर सरकारी भू खंड एवं निर्मित परिसरों में वर्षा जल के संग्रहण के लिए दो टैंक व 15-15 मीटर के दो पाइप लगाने के निर्देश देकर जल संग्रहण की अनिवार्यता को दर्शाया है। यह सचमुच में सराहनीय कार्य

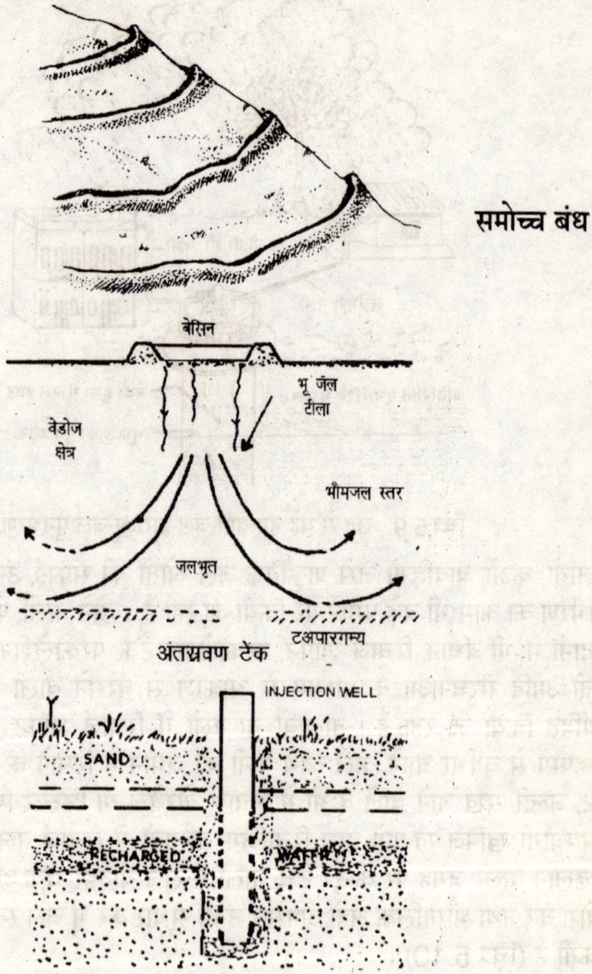

अंतक्षेपी कुआं

चित्र 5.10. विभिन्न तरीकों द्वारा भू जल संवर्द्धन

है। इसके तहत 500 वर्गमीटर से बड़े भू-खंडों में छत से बहने वाले बरसाती पानी के संग्रहण के लिए दो टैंक बनाने होंगे। एक टैंक का तल कच्चा होगा, इसमें मिट्टी व मोरम बिछाई जाएगी। इसमें से पानी छनकर दूसरे टैंक में जाएगा (चित्र 5.11)।

यह टैंक पूरा पक्का होगा तथा पास ही छह इंच गोलाई के 15 मीटर गहरे पाइप जमीन में गाड़े जाएंगे। इन्हें पक्के टैंक से जोड़ा जाएगा। टैंक के भरने पर उसका

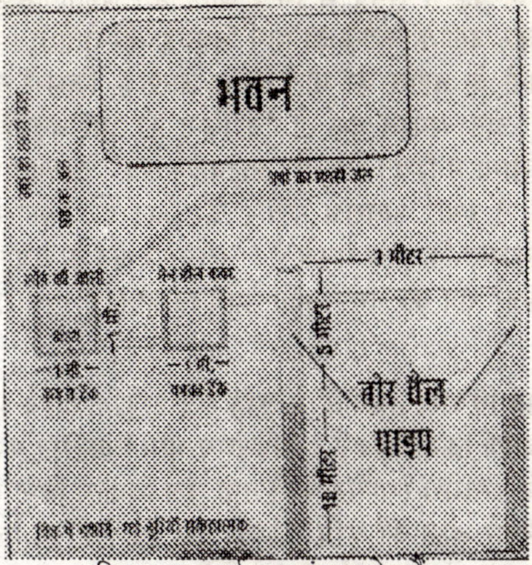

चित्र 5.11 वर्षा जल संरक्षण हेतु टैंक

पानी पाइप के माध्यम से जमीन में पहुंचाया जाएगा। जिससे भू जल स्तर को ऊंचा उठाया जा सके। टैंक की गहराई 1 x 1 x 1 मीटर होगी। टैंकों को पाइप के सहारे छत से जोड़ा जाएगा। इस विधि से भी भू जल स्तर में वृद्धि की जा सकती है।

प्राकृतिक जलग्रहण तकनीक

जलग्रहण क्षेत्र विकास एवं भू-संरक्षण तकनीक भू जल स्तर में वृद्धि कर बाढ़ एवं सूखे दोनों प्रकोपों से निजात दिलाने वाली प्रकृति प्रदत्त व्यवस्था है जो कि बढ़ती हुई जनसंख्या से सम्पूर्ण विश्व में बुरी तरह से प्रभावित हुई है। विश्व बैंक के वैज्ञानिकों ने राजस्थान के विकट परिस्थितियों वाले क्षेत्रों में जलग्रहण क्षेत्र विकास एवं भू संरक्षण प्रौद्योगिकी को कृत्रिम रूप से विकसित कर भू जल के भंडार में पुनः वृद्धि के साथ-साथ स्थानीय ग्रामीणों के अर्थोपार्जन के साधन सृजित करने पर बल दिया है। घरों में भूमिगत सीमेंट के कुंड बनाकर जिनमें मकानों की छत और आंगन में पड़ने वाले वर्षा के पानी को पाइपों के माध्यम से एकत्रित किया जा सकता है।

वस्तुतः जलग्रहण क्षेत्र वर्षा के जल से संबंधित एक ऐसी इकाई होती है जिसका जल निकास एक बिन्दु या स्थान से होता है। वर्षा के जल की बूंदें जब पृथ्वी पर गिरती है तो कुछ अवधि पश्चात आपस में मिलकर ढलान की ओर एक दिशा में बहने लगती है। पानी के इस बहाव में आसपास की बूंदों से निर्मित जलधाराओं का मिलना जारी रहता है तथा पानी के दबाव से बहाव का वेग उत्तरोत्तर बढ़ता जाता है। यह बहाव ज्यों-ज्यों आगे बढ़ता है, मिट्टी का कटाव शुरू होकर उपजाऊ मिट्टी भी बहने लगती है तथा अंततोगत्वा नदी-नालों का रूप धारण कर विनाश करती हुई

मिट्टी के कटाव के कारण समुद्र में मिल जाती है। बहती मिट्टी तालाबों, झीलों, नदी-नालों में भरकर जल के बहाव का मार्ग अवरुद्ध कर देती है। अतः इन प्राकृतिक जल स्रोतों में पानी के बहाव का मार्ग बदल जाता है, जिससे बाढ़ उत्पन्न होकर विनाश करती है। अतः समस्त जल तो एक बिन्दु की ओर बढ़ता है तथा इस स्थान को जोड़ने वाली सीमा में स्थित क्षेत्र ही "जलग्रहण क्षेत्र" कहलाता है। उस बिन्दु पर प्राकृतिक साधनों से स्थाई अवरोध उत्पन्न कर जल को स्थान-स्थान पर रोककर जलग्रहण क्षेत्र विकसित किए जा सकते हैं। जलग्रहण क्षेत्र के चयन के लिये पानी की कमी वाले एवं बंजर क्षेत्र का चयन अति उपयुक्त होता है।यह रोजगारोन्मुख कार्य भी है।

जलग्रहण क्षेत्र विकास तकनीक में कृषि एवं अकृषि योग्य भूमि का जलग्रहण उपचार एक महत्वपूर्ण क्रियाविधि है। कृषियोग्य भूमि विकसित करने के लिए ढलान के विरुद्ध वनस्पति अवरोध स्थापित करने तथा जल विकास बिन्दु एवं जलग्रहण क्षेत्र की सीमा पर फलदार वृक्षों की कृषि वानिकी इस तकनीक का महत्वपूर्ण कार्य है। इससे भू जल के भंडार में अभूतपूर्व वृद्धि होती है।

परम्परागत जल संग्रहण से सूखे के संकट से राहत मिलती है और बाढ़ की समस्या भी कम करने में सहायता मिलती है क्योंकि जब बहुत से जल को नदी की ओर वेगपूर्वक बढ़ने देने के स्थान पर खेती व अन्य उपयोग के लिये तरह-तरह से मोड़ा व संजोया जाता है, तो इससे बाढ़ की संभावना भी कम होती है। भयानक सूखे के दिनों में देखा गया कि जहाँ आधुनिक पेयजल स्रोतों के आने के बाद भी संग्रहण की उपेक्षा नहीं की गई थी, वहाँ लोगों की पेयजल के मामले में आत्मनिर्भरता बनी हुई थी, पर जहाँ लोगों ने परंपरागत संग्रहण की उपेक्षा की थी, वहाँ के लोग पानी को तरस रहे थे।

कृषि में जल संरक्षण

कृषि ऐसा क्षेत्र है जहाँ पानी का सर्वाधिक उपयोग होता है। जहाँ पर्याप्त वर्षा नहीं होती, वहाँ कृषि सिंचाई पर ही आधारित होती है तथा इसमें भी पानी का बहुत अपव्यय होता है। इनमें मुख्य रूप से अपव्यय वाष्पीकरण एवं वाष्पोत्सर्जन के कारण होता है। अतः उन्नत कृषि प्रक्रियाओं को अपनाकर इस क्षति को बहुत कम किया जा सकता है। इन कृषि प्रक्रियाओं में सिंचाई का जल उन स्तरों-स्तरों में दिया जाता है, जिनमें पौधों की जड़ें फैलती हैं तथा पानी को भूमि में अपव्यय से रोका जाता है। वाष्पीकरण से हो रहे नुकसान को रोकने हेतु पानी को महीन फुहार के रुप में छोड़ा जाता है। इससे मिट्टी धीरे-धीरे गीली होती है। इसी प्रकार नियमित रूप से खरपतवारों की निराई करके इन अनावश्यक पादपों द्वारा वाष्पोत्सर्जन को कम किया जा सकता है।

सिंचाई के पानी की बचत के लिए वैज्ञानिकों ने टपकन सिंचाई प्रणाली (ड्रिप एवं ट्रिकिल इरिगेशन) विकसित की है । इस प्रणाली में पूरे खेत अथवा बाग में प्लास्टिक के पाइप बिछा दिए जाते हैं, जिनके खुले सिरे से पानी बूंद-बूंद करके पौधे के जड़ क्षेत्र में टपकता रहता है । इस खुले सिरे को मिट्टी के भीतर या ऊपर रखा जा सकता है । बूंद गिरने की गति को आवश्यकतानुसार कम या अधिक किया जा सकता है । यह प्रणाली पानी की बचत के लिये बहुत उपयुक्त है । इस प्रणाली में पानी के साथ ही उर्वरक मिश्रण को सीधे जड़ क्षेत्र में दिया जा सकता है ।

इसी तरह एक अन्य सिंचाई प्रणाली फव्वारा सिंचाई (स्प्रिंकिल इरिगेशन) के नाम से भी प्रसिद्ध हैं । इससे भी बड़े बागों अथवा बड़े खेतों में प्रयोग किया जाता है । इसमें खेत के बीचों-बीच पानी का दो मुंहा पाइप लगा होता है । इसके दोनों मुंह स्वचालित रूप से धीरे-धीरे गोल चक्कर काटते रहते हैं । इनसे पानी की तेज फुहार निकलती है जो रिम-झिम बरसात की तरह पूरे खेत पर पानी बरसाती है । इस प्रणाली में बहुत कम पानी बहुत बड़े क्षेत्र पर समान रूप से फैलकर पौधों की प्यास बुझाता है । (चित्र 5.12)

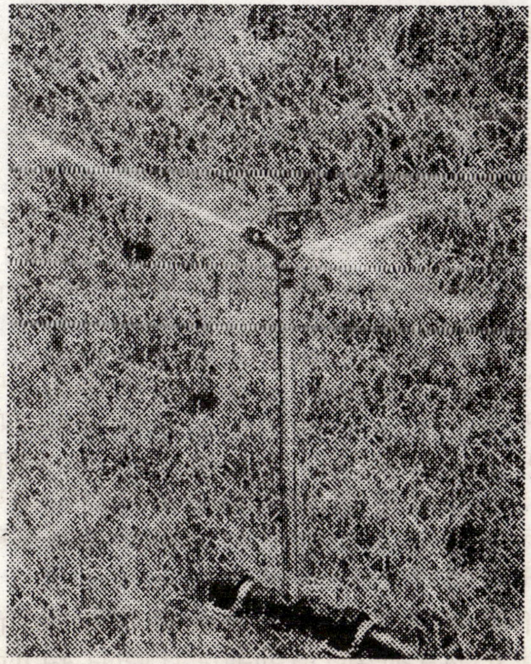

चित्र 5.12 फव्वारा सिंचाई

इसी प्रकार ढलवी जमीन पर खेती सामान्यतौर पर होती है। परन्तु ढलान के कारण वर्षा के समय पानी बड़े तेज बहाव से ढलानों पर चलता है। तथा अपने साथ उपजाऊ मिट्टी को भी ले जाता है। ऐसी स्थिति में कृषि उत्पादन प्राप्त करने हेतु समोच्च रेखाओं पर खेती की जाती है जिससे ढलानों पर से बहते पानी का वेग भी कम हो जाता है।

जल का पुनः उपयोग

जैसा कि विदित है मनुष्य को जल की आवश्यकता विविध कार्यों हेतु होती है। तथा प्रत्येक उपयोग के कारण इसमें कुछ न कुछ पदार्थ समाविष्ट हो जाते हैं। वस्तुतः जल की गुणवत्ता के मानक भी उसके उपयोग पर निर्भर करते हैं यथा - पीने का पानी भौतिक, रासायनिक एवं जैविक दृष्टि से शुद्ध होना चाहिए, जबकि कपड़े धोने, फर्श धोने एवं बर्तन धोने हेतु इतना शुद्ध जल आवश्यक नहीं होता। इसी प्रकार रसोईघर से निकले पानी को बगीचे में सिंचाई के रूप में काम लिया जा सकता है। कपड़े धोएं हुए पानी को शौचालय में फ्लश हेतु काम में लिया जा सकता है तथा इस प्रकार छने हुए जल का अपव्यय रोका जा सकता है।

गंदे पानी से हरियाली

बढ़ते हुए शहरीकरण एवं औद्योगिकीकरण के कारण अनेक नगरों तथा महानगरों के आस-पास मलजल (सीवेज) और उद्योगों द्वारा निष्कासित प्रदूषित जल के निपटान की विकट समस्या है। इस समस्या को गहराई से जानने के लिए वर्ष 1989 में केन्द्रीय प्रदूषण नियंत्रण मंडल द्वारा प्रथम श्रेणी के 212 शहरों का सर्वेक्षण किया गया तथा विदित हुआ कि इनसे कुल मिलाकर प्रतिदिन 1214.50 करोड़ लीटर गंदा पानी निष्कासित किया जाता है। इस पानी को बागवानी एवं कृषि कार्यों में सिंचाई के लिये प्रयुक्त किया जा सकता है।

हमारे देश में तमिलनाडु में 20 से अधिक नगरपालिकाओं ने मलजल खेत (सीवेजफार्म) स्थापित किए हैं, जिनमें सब्जियाँ, एवं चारे वाली फसलें उगाई जाती है। घरेलू कच्चे मलजल में शैवाल भी उगाया जाता है तथा इस प्रक्रिया में जैविक ऑक्सीकरण द्वारा मलजल का प्राकृतिक उपचार हो जाता है और मुर्गियों के आहार के लिये शैवाल से प्रोटीन भी प्राप्त हो जाती है। उपचारित मलजल का मछली पालन और सिंचाई में उपयोग किया जा सकता है।

जोधपुर स्थित केन्द्रीय रूक्षक्षेत्र अनुसंधान संस्थान के वैज्ञानिकों ने वस्त्र रंगाई-छपाई की मिलों से निकले बहिःस्राव को उपचारित कर प्रदूषित जल से सिंचाई करके यूकेलिप्टस, नीम, बबूल, खेजड़ी आदि के वृक्ष उगाये हैं। इसी प्रकार कानुपर में

अर्जुन, पीपल, लसोड़ा, नीम, जामुन, बरगद आदि के वृक्षों को चर्म उद्योग से निकलने वाले निष्कासित जल को उपचारित करके सिंचाई में प्रयुक्त कर पनपाया गया है। करनाल स्थित मृदा लवणीयता अनुसंधान संस्थान के वैज्ञानिकों ने मलजल के उपयोग द्वारा अनेक वनस्पतियों कों विकसित करने की उपयुक्त प्रौद्योगिकी विकसित की है। इसी प्रकार पुणे में सेंटर फॉर एप्लीकेशन ऑफ साइंस एंड टेक्नोलोजी फॉर रूरल डेवलपमेंट के वैज्ञानिकों ने दो स्थानों पर मलजल का उपयोग करके यूकेलिप्टस, शीशम, बबूल, खेजड़ी आदि के वृक्ष उगाए हैं। अजमेर स्थित कंसोर्टियम ऑफ इंडियन साइंटिस्ट्स फॉर सस्टेनेबल डेवलपमेंट के वैज्ञानिकों ने मलजल के उपयोग द्वारा अनेक वन-वृक्षों, बागवानी फसलों, घासों तथा सब्जियों को उगाकर दिखाया है।

जल संरक्षण में महिलाओं का योगदान

एक आकलन के अनुसार हमारे देश में ग्रामीण क्षेत्रों में 31 प्रतिशत को ही जलापूर्ति घरों में उपलब्ध हैं। शेष 69 प्रतिशत आबादी को पानी निकटतम जलस्त्रोतों यथा - तालाब, कुओं, व नदी-नालों से सिर पर मटकों द्वारा लाना पड़ता है। ये जल स्त्रोत एक कि.मी. से 5 कि.मी. दूर होते हैं। जब परिवार के अन्य सदस्य खेत या अपने व्यवसाय पर जाते हैं तो घर के अन्य कार्य निपटा कर महिलाएं जल की व्यवस्था में जुट जाती हैं।

गृहिणी की ही क्षमता पर घर की जल व्यवस्था एवं गुणवत्ता कायम रहती है। शहरों में जल प्रदाय विभाग द्वारा अल्पकाल के लिये ही जलापूर्ति की जाती है तथा जलापूर्ति का समय भी कई स्थानों पर मध्यान्ह एवं कहीं पर रात्रि का होता है। मात्र गृहिणी ही उस समय घर में उपलब्ध होने तथा रात्रि में दिन में काम पर गये परिवारजनों को विश्राम की सुविधा प्रदान करने हेतु जल संग्रहण का दायित्व निभाती है। कई बार शहरों में एक ही नल द्वारा अलग-अलग प्रकार के जल की आपूर्ति होती है जिसमें मीठा पेय एवं लवणीय जल भी होता है। ऐसी स्थिति में महिला ही परिवार की आवश्यकतानुसार पेयजल का संग्रहण करती है तथा अन्य प्रकार के जल का घर के विविध कार्यों हेतु संरक्षण करती है।

वस्तुतः घरों में जल की व्यवस्थापक एवं नियंत्रक गृहिणी ही होती है। अतः उसकी भूमिका परिवार के स्वास्थ्य एवं समृद्धि को प्रभावित करती है क्योंकि अपर्याप्त प्रदूषित पानी परिवार को रोगग्रस्त बना सकता है। कई बार जल की अपर्याप्तता के कारण जलदाय विभाग द्वारा कम समय हेतु जलापूर्ति की जाती है। अतः गृहिणी को उसके उपयोग के संबंध में व्यवस्था एवं नियंत्रण रखना चाहिए। ऐसी अवस्था में शुद्ध पेयजल को छानकर मटकें अथवा पात्रों में रखना चाहिए।

अगर बिना छना हुआ या खुला व रूका हुआ (तालाब व नदियों) पानी ही जलस्त्रोतों से उपलब्ध हो तो उसे छानने के बाद फिटकरी, क्लोरीन की गोली आदि डालकर प्रदूषणरहित करना आवश्यक है। पीने के पानी को नित्य मटकों व पात्रों में बदला जाना चाहिये। पेयजल व रसोई का पुराना पानी बाहर न फेंके व बहावे वरन् उसे दूसरे पात्रों में लेकर बर्तन साफ करने, कपड़े, फर्श धोने, कूलर भरने तथा पौधों की सिंचाई में काम में लेवें।

गृहणियाँ परिवार के बच्चों की प्रथम शिक्षिका, मार्गदर्शक तथा प्रेरणा का स्त्रोत होती हैं। बच्चे परिवार में किसी वस्तु के उपयोग की रीति एवं आवश्यकता उन्हीं से सीखते तथा नकल करते हैं। अतः गृहणियों से अपेक्षा की जाती हैं कि घरेलू जल उपयोग में सहयोग दें एवं जल को किफायत से काम में लेकर अधिक से अधिक जल संरक्षण करें। जल बचाना जल के उत्पादन के बराबर है।

जल संग्रहण में ध्यान देने योग्य बातें

1. जल भरने से पूर्व भरे जाने वाले बर्तन को अच्छी तरह से साफ करना चाहिए।
2. आयुर्वेदाचार्यों के अनुसार तांबे के पात्र में रखा जल विकृत नहीं होता है। अतः जहाँ तक संभव हो पीने के जल को ऐसे पात्र में रखना चाहिए। तांबा जीवाणु नाशक होने के कारण जल को शुद्ध रखने में सहायक रहता है। तांबे के पात्र में जल रखने से गठिया रोग में भी आराम मिलता है।
3. मटकों को भी रोज धोकर भरना चाहिए, परन्तु इनके अन्दर हाथ डालकर नहीं धोना चाहिए, वरन् केवल पानी डालकर, खंगालकर एवं हिलाकर धोना चाहिए।
4. घरेलू अथवा सार्वजनिक कुओं को भी सदैव ढक कर रखना चाहिए। इसी प्रकार घरेलू टांकों, हौद तथा टंकियों को भी ढककर रखना चाहिए।
5. कुएँ, हौद एवं बावड़ी आदि में क्लोरीन या लाल दवा समय-समय पर डालनी चाहिए।
6. नालियों तथा गटर लाइनों को जल स्त्रोतों से दूर रखना चाहिए।
7. तालाब का पानी पीने के काम में लेना हो तो उसे उबालकर, ठंडा करके तथा छानकर प्रयोग में लेना चाहिए।
8. तालाबों से नियमित मिट्टी निकालने को प्रोत्साहित करना चाहिए।
9. रिसते हुए नलों का समुचित रख रखाव करना चाहिए। तथा घरों एवं सार्वजनिक स्थानों पर टैंक भरते ही टोंटी बंद कर देनी चाहिए।

10. फ्लश शौचालय में कम पानी के उपयोग वाली सुविधा को अपनाना चाहिए।

11. जल के संग्रहण एवं दुरुपयोग बचाने हेतु जन मानस एवं विद्यार्थी वर्ग में चेतना लाने हेतु संगोष्ठियाँ आयोजित करना, पोस्टर तथा संचार माध्यमों का उपयोग करना चाहिये। बच्चों को शुरुआत से ही जल को किफायत से उपयोग करने की शिक्षा देनी चाहिए।

12. जलदाय विभाग के जलापूर्ति पाईपों के टूट जाने पर समीपस्थ कार्यालय में तुरन्त ठीक करने की सूचना देनी चाहिए। (चित्र 5.13)

चित्र 5.13. व्यर्थ बह रहे पानी को रोकना आवश्यक

13. प्रायः यह देखा जा चुका है लोग हैण्ड पम्प से पानी लेते समय भी ध्यान नहीं रखते हैं जिसके कारण वे कई बीमारियों के शिकार हो जाते हैं। इसी प्रकार हैण्ड पम्प का समुचित रख रखाव भी होना अत्यावश्यक है यथा - प्लेटफार्म, हैंडिल आदि। चित्र 5.14 ,एवं 5.15 (अ, ब) द्वारा इस संबंध में जानकारी दी जा रही है।

14. पीने के पानी के पात्र को जमीन के स्तर से थोड़ा ऊपर रखें ताकि उसमें कीड़े-मकोड़े आदि न जा सकें। पीने के पानी के पात्र को हमेशा ढक कर रखना चाहिए।

15. पानी निकालने के लिये डंडीदार लोटे का प्रयोग करना चाहिए (चित्र 5.16)। तथा पानी में हाथ कभी नहीं डालें। क्योंकि हाथ में छुपे मैल या कीटाणु पानी को गंदा कर देते हैं।

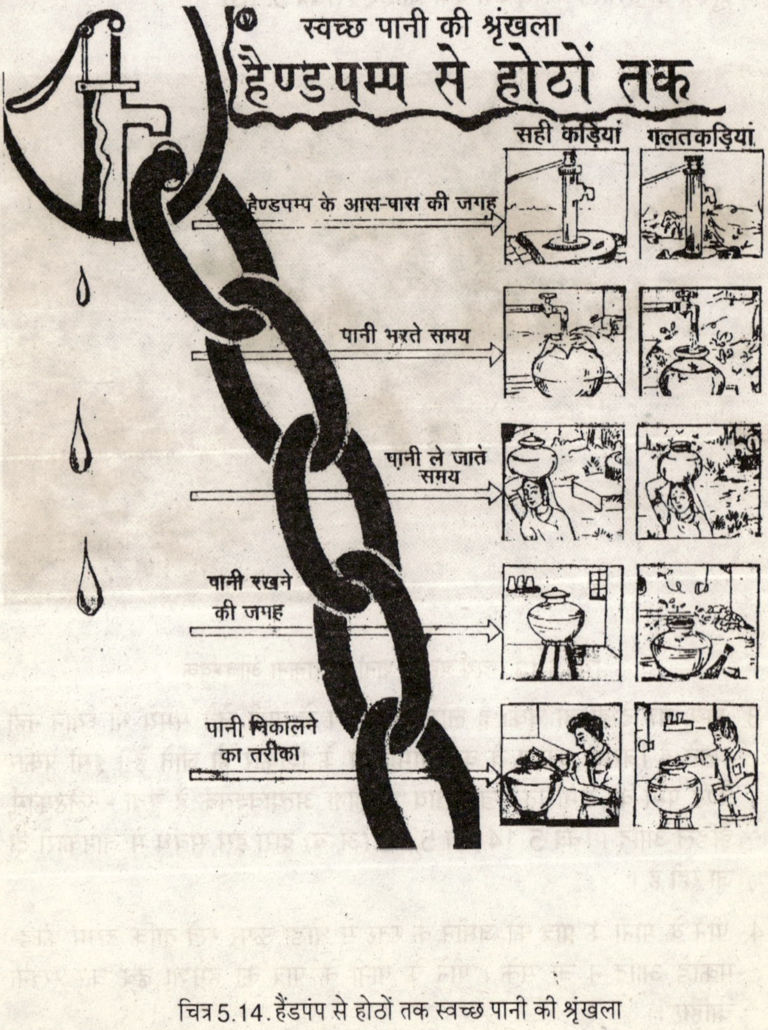

चित्र 5.14. हैंडपंप से होठों तक स्वच्छ पानी की श्रृंखला

चित्र 5.15 (अ) हैंड पंप का रख रखाव आवश्यक

चित्र 5.15 (ब) हैंड पंप का रख रखाव आवश्यक

चित्र 5.16. डंडीदार लोठा

16. ग्रामीण क्षेत्रों में जहाँ शौचालय की व्यवस्था न हो पीने के पानी का लोठा लेकर शौच नहीं जाना चाहिए क्योंकि वह लोठा खुली जमीन पर रखा जाता है जहाँ शौच आदि की गंदगी पड़ी रहती है। उसमें विभिन्न रोगों के कीटाणु आने की संभावना रहती है।

17. घरों में लगी टोंटियों, वाश बेसिन में लगी टोंटियों के वाशर नियमित रूप से प्रत्येक तीन माह बाद बदलने चाहिए।

पानी की समस्या दूर करने के लिए प्रमुख योजनाएं

विषय	अल्पकालीन (10-20 वर्ष)	दीर्घकालीन (20-50 वर्ष)
शिक्षा	प्रभावित वर्ग, औद्योगिक समुदाय, किसान संघों और विद्यालयों में पानी से संबंधित व्यापक शिक्षा	बुनियादी शिक्षा में सुरक्षित जल प्रबंधन का समावेश
अधिनियम	जल और ऊर्जा के कम खपत के लिए अधिनियम क्षेत्रीय व्यापारिक और औद्योगिक संगठनों से विचार विमर्श, पर्यावरण कर की शुरूआत	पर्यावरण - कर का व्यापक उपयोग, संसाधनों के उचित उपयोग के लिए कड़े अधिनियम, प्रत्येक व्यक्ति के लिए पर्याप्त जल की उपलब्धि के अधिनियम
कृषि	किसान संघों को ऊर्वरक/ कीटनाशक और पानी के बारे में जानकारी, दलदली क्षेत्रों की सुरक्षा	कार्बनिक खेती, वर्षा के जल द्वारा सिंचाई का प्रबंधन, कम पानी और ऊर्जा वाली कृषि का विकास
उद्योग	विशेष तौर पर छोटे उद्योगों में उचित जल प्रबंधन, संसाधनों के न्यूनतम उपयोग और स्वच्छ प्रोद्योगिकी की जानकारी	उद्योगों द्वारा स्वच्छ प्रौद्योगिकी, नए संसाधनों और संसाधनों के न्यूनतम उपयोग का व्यापक अनुसरण
शहरी विकास	वर्षा के जल को एकत्रित कर उपयोग, मल जल से पोषण तत्वों को हटाकर जल संसाधनों में मिलाना, गंदे जल का शुद्धिकरण के बाद पुनः उपयोग, जल आपूर्ति तंत्र का आधुनिकीकरण	जल आपूर्ति का निजीकरण, इसके शुद्धिकरण के आधुनिक तरीकों का उपयोग।

अतः जल संरक्षण वर्तमान तथा भविष्य की ज्वलंत आवश्यकता है। इस दिशा में सामुदायिक स्तर पर अनेक कार्य किए जा सकते हैं। यह जीवमात्र के कल्याण का कार्य है। हमें निम्न बिन्दुओं पर भी ध्यान देने की आवश्यकता है —

जरा सोचें –

- जल के भंडार सीमित हैं।
- जनसंख्या वृद्धि के साथ-साथ जल की आवश्यकता भी बढ़ रही है।
- हमारी जरा सी सावधानी से विभिन्न क्षेत्रों में जल के उपयोग को काफी सीमा तक नियंत्रित किया जा सकता है।
- अधिक जल से अधिक पैदावार संभव नहीं है, अपितु उपलब्ध जल के उचित प्रबंधन की आवश्यकता है।
- प्रदूषित जल जीवमात्र के स्वास्थ्य के लिये घातक है अतः इसे बचाने में यथा संभव योगदान देना चाहिए।

- पृथ्वी पर उपलब्ध जल का बहुत थोड़ा हिस्सा ही पीने योग्य हैं, इसे प्रदूषण एवं अपव्यय से बचाना हम सभी का नैतिक कर्त्तव्य है।
- जल की एक-एक बूंद का संरक्षण हजारों व्यक्तियों की प्यास बुझाने में सहायक होती है।
- जल पुनर्भरण से हम प्रकृति के सहयोगी बनेंगे।
- मृदा, वृक्ष, वायु एवं पानी, ये है जीवन की निशानी।
- रात के पानी को नहीं फैंके, यह पूर्णतः पीने योग्य होता है।
- शुद्ध वायु सात्विक भोजन एवं स्वच्छ जल। इनके उपयोग से जीवन बने निर्मल।
- पानी बहुत कीमती है इसे पानी की तरह न बहायें।
- जल प्रबंधन मात्र शासकीय जिम्मेदारी नहीं, वरन् प्रत्येक नागरिक का नैतिक कर्त्तव्य है।ऐसे पुनीत कार्य में प्रत्येक को लाभ उठाना चाहिए।
- देश के कुछ भागों में भूजल स्तर एक मीटर प्रति वर्ष की दर से गिर रहा है तथा कुछ भागों में इसी दर से भूजल स्तर में वृद्धि हो रही है।
- वार्षिक पुनर्भरण संसाधन 432 अरब घन मीटर (बी.सी.एम.) आंका गया है।
- जल संचय करने से 160 अरब घन मीटर (बी.सी.एम.) अतिरिक्त जल उपयोग करने के लिए उपलब्ध होगा।
- आप दिल्ली में 100 वर्ग मीटर आकार के छत पर 65000 लीटर वर्षा जल प्राप्त कर उसका पुनर्भरण कर सकते हैं और इससे चार सदस्यों वाले एक परिवार की पेय और घरेलू जल आवश्यकताएँ 160 दिनों तक पूरी कर सकते हैं।
- केन्द्रीय भूमि जल बोर्ड ने जल का संचयन करने और पुनर्भरण के लिए पहली परियोजना हरियाणा में 1976 में व इसके पश्चात् गुजरात में 1980 में तथा केरल में 1988 में कार्यान्वित की।
- भारत में गत पचास वर्षों में सिंचाई - कुओं एवं बोरवैल/ट्यूबवैल में पांच गुणा वृद्धि हो गई हैं। इसकी संख्या 195 लाख तक पहुँच चुकी है।
- इस समय भारत में पेय, घरेलू एवं औद्योगिक उपयोग के लिए 25 से 30 लाख कुएँ एवं बोरवैल/ट्यूबवैल हैं।
- देश में 80% ग्रामीण तथा 50% शहरी आवश्यकता की पूर्ति, औद्योगिक एवं सिंचाई के लिए जल की पूर्ति भूजल से की जा सकती है।

अध्याय 6

जल कैसे अशुद्ध होता है?

पानी में अन्य वस्तुओं को अपने अन्दर घुला लेने का भी गुण होता है इसीलिए इसमें कई ऐसे पदार्थ मिल जाते हैं जो स्वास्थ्य के लिये हानिकारक होते हैं। इन पदार्थों को अशुद्धियाँ कहते हैं। ये अशुद्धियाँ घुलनशील भी होती हैं और अघुलनशील भी।

(1) घुलनशील अशुद्धियाँ

इसके अंतर्गत समस्त अकार्बनिक तथा कार्बनिक पदार्थ आते हैं।

(अ) अकार्बनिक लवण : ये निम्नवत हैं-

(i) कैल्सियम कार्बोनेट लवण- ये लवण कार्बन डाइ ऑक्साइड या कार्बोनिक अम्ल गैस की उपस्थिति में पानी में मिल जाते हैं। इनके कारण पानी में अस्थायी कठोरता आ जाती है।

(ii) साधारण लवणः- कुओं, समुद्र तल अथवा नमक की खानों के निकट प्राप्त होने वाले जल में साधारण लवण घुले रहते हैं। ऐसा जल पीने योग्य नहीं होता है।

(iii) कैल्सियम तथा मैग्नीशियम के अन्य लवण- इनके सल्फेट, क्लोराइड, नाइट्रेट भी पानी में मिल जाते हैं तथा इसे कठोर बना देते हैं। ये समस्त खनिज लवण स्वास्थ्य के लिये हानिकारक होते हैं।

(iv) अमोनिया के लवण- ये भी प्रायः हर प्रकार के पानी में घुले रहते हैं।

(v) सीसे के लवण - ये विषैले होते हैं।

(ब) कार्बनिक पदार्थ

पानी में कार्बनिक पदार्थों का होना स्वास्थ्य के लिये अत्यन्त हानिकारक होता है। इनसे संक्रामक रोग एवं अन्य अतिसार रोग भी हो सकते हैं।

पानी के अंदर कार्बन डाइ ऑक्साइड, हाइड्रोजन सल्फाइड आदि गैसें घुली रहती हैं जो जल को दूषित कर देती है। मल-मूत्र से उत्पन्न गैसें गले का नासूर, डिप्थीरिया, अतिसार, हैजा, एवँ मोतीझरा आदि रोगों को उत्पन्न कर सकती हैं।

(2) अघुलनशील गंदगी

इसमें निर्जीव तथा सजीव दोनों तरह के पदार्थ हो सकते हैं-

(i) रेत, लकड़ी आदि के महीन कण मिल जाने से पानी स्वास्थ्य के लिये हानिकारक हो जाता है तथा इसका सेवन करने से कई रोग हो जाते हैं।

(ii) पानी में रोगोत्पादक जीवाणु होने से मोतीझरा, हैजा आदि रोग उत्पन्न हो जाते हैं। ये जीवाणु इतने छोटे होते हैं कि इनको अपनी आंखों से देखना संभव नहीं है, परन्तु ये पानी को अत्यन्त हानिकारक बना देते हैं।

(iii) दूषित जल के साथ कृमियों के अंडे हमारे शरीर में जाते हैं तो उनसे नये कृमि निकलते रहते हैं। ये हमारे शरीर में से ही अपना भोजन प्राप्त करते हैं और वहीं विकसित होते रहते हैं। इनकी आकृति गोल या धागे के समन होती है। राउंडवर्म और गिन्नी वर्म इसी प्रकार के कर्मियों में से हैं।

जल प्रदूषण

किसी पदार्थ का या ऊष्मा का, जल से जुड़कर उसे, मानव जीवन, पशु जगत, वनस्पति जगत या जलीय जीवन के लिये हानिकारक बना देना या जल के समीप स्थित प्रजातियों की सामान्य गतिविधियों में प्रत्यंतर उत्पन्न कर देना, जल का प्रदूषण कहलाता है। जल के प्राकृतिक स्वरूप में बाह्य तत्त्वों के मिश्रित हो जाने के फलस्वरूप जब विकृति आ जाती है तो वह जीव जगत के लिये हानिकारक हो जाता है, इसी को सामान्यतया प्रदूषित जल कहते हैं। अथवा जल की भौतिक, रासायनिक और जैविक विशिष्टताओं में मुख्यतया मानवीय क्रियाओं से अवनति आ जाना ही **जल प्रदूषण** कहलाता है।

प्रदूषण के लिये उत्तरदायी पदार्थ प्रदूषक कहलातें हैं। जल प्रदूषण के स्रोत निम्न हैं।

(i) जीवाणु, वाइरस, रोग जनित जीवाणु ।

(ii) सड़े कार्बनिक पदार्थ ।

(iii) अकार्बनिक लवण ।

(iv) रासायनिक उर्वरकों से निकले पौधो के पोषक तत्त्व जैसे नाइट्रेट, फास्फेट, पोटाश।

(v) विभिन्न प्रकार के विषैले पदार्थ जैसे धातु लवण, कीटनाशक आदि ।

(vi) उद्योगों तथा समुद्री जहाजों से निष्कासित तेलीय दूषित एवं अपशिष्ट पदार्थ ।

हमारे देश में जल प्रदूषण के निम्न मुख्य कारण है।

(i) नगरीय गंदगी

(ii) औद्योगिक अपशिष्ट

(iii) अपमार्जक

(iv) रासायनिक उर्वरक

(v) कीटनाशक रसायन

(vi) औद्योगिक तापीय प्रदूषण

(vii) खनिज प्रवाह

(viii) शव प्रवाह

(ix) रेडियोधर्मी अपशिष्ट पदार्थ

(x) जलाशयों में स्नान व कपड़े धोना

(xi) मानव मल

जल प्रदूषण के दुष्प्रभाव

जल प्रदूषण का प्रभाव न केवल मानव वरन् जलीय जीव-जंतु, पशु तथा वनस्पति पर भी समान रूप से पड़ता है। प्रदूषित जल न केवल स्वास्थ्य के लिए हानिकारक होता है वरन् विभिन्न प्रकार के रोग भी उत्पन्न कर देता है। एक अनुमान के अनुसार लगभग 25 हजार व्यक्ति प्रतिदिन प्रदूषित एवं जलजन्य रोगों के कारण मरते हैं। जल प्रदूषण से मछलियाँ भी मरने लगती है, क्योंकि उन्हें पर्याप्त ऑक्सीजन नहीं मिलती है ।

वनस्पतियाँ भी प्रदूषित जल की शिकार हो चुकी हैं। जल में विद्यमान फास्फेट तथा नाइट्रेट के कारण शैवाल में वृद्धि होती है तथा नीले हरित शैवाल अधिक हो जाते हैं। जल में शैवाल एवं प्लवंक की वृद्धि श्वसन तथा ऑक्सीजन की उपलब्धता में बाधक होती है।

जल प्रदूषण का सर्वाधिक दुष्प्रभाव जलस्रोतों, नदियों, झीलों, तथा सागरों आदि पर पड़ता है। बढ़ते हुए जल प्रदूषण ने विश्व के अनेकों जल स्रोतों को अनुपयोगी कर दिया है। जल प्रदूषण से जल की पारदर्शिता में कमी आ जाती है, उसमें दुर्गन्ध आने लगती है तथा स्वाद भी अरुचिकर हो जाता है। कार्बनिक अपशिष्टों के सड़ने से उसमें अमोनिया, हाइड्रोजन सल्फाइड जैसे तत्त्वों में वद्धि हो जाती है जिससे जल भारी एवं विकृत हो जाता है। अपमार्जक मिश्रित जल में अत्यधिक झाग होने के कारण उसके शोधन में कठिनाई होती है। प्रदूषित जल को उद्योगों से बाहर भूमि पर बहा देने से मृदा की उर्वरता में कमी आ जाती है। राजस्थान के बालोतरा, सालावास एवं पाली क्षेत्रों में रंगाई-छपाई के उपयोग में लेने के पश्चात् छोड़े गये जल से हजारों हेक्टेयर भूमि बंजर हो चुकी है। वाहित मल के विघटन से उत्पन्न गैस भी हानिकारक होती है तथा उनसे कभी-कभी पाइपों में विस्फोट भी हो जाता है।

जल प्रदूषण से गादभरण एवं सुपोषण को भी बढ़ावा मिलता है। जलचर प्रदूषित जल का सेवन कर भोजन श्रृंखला द्वारा मानव स्वास्थ्य को भी प्रभावित करते हैं। इसके द्वारा अम्ल वर्षा तथा हरित गृह गैसों के प्रभाव में भी वृद्धि होती है। जल प्रदूषण के स्रोतों को चित्र 6.1 में दर्शाया गया है।

जल प्रदूषण का नियन्त्रण

जैसा कि विदित है शुद्ध स्वच्छ जल की सुलभता आज विश्वव्यापी समस्या बन चुकी है। इसके निराकरण के लिये हमें कई उपाय करने होंगे - आदतों में परिवर्तन, जल के अपव्यय पर रोक, एवं जल प्रदूषण संबंधी कानून आदि।

(i) हमारे देश में जल प्रदूषण का प्रमुख कारण बड़ी आवासीय बस्तियों से निकला मल-जल है। अतः शहरों में मलस्राव प्रणाली विकसित करके स्थानीय परिस्थितियों के अनुरूप उपचारात्मक प्रणाली अपनाई जानी चाहिए तथा उपचारित करने के बाद ही जल स्रोतों में प्रवाहित करना चाहिए।

(2) पेयजल स्रोतों के समीप गंदगी कदापि एकत्रित नहीं होने देना चाहिए, उनके चारों ओर पक्की दीवार बनानी चाहिए तथा उनमें नहाने, कपड़े धोने एवं अपमार्जकों के प्रयोग हेतु प्रतिबंध लगाना चाहिए।

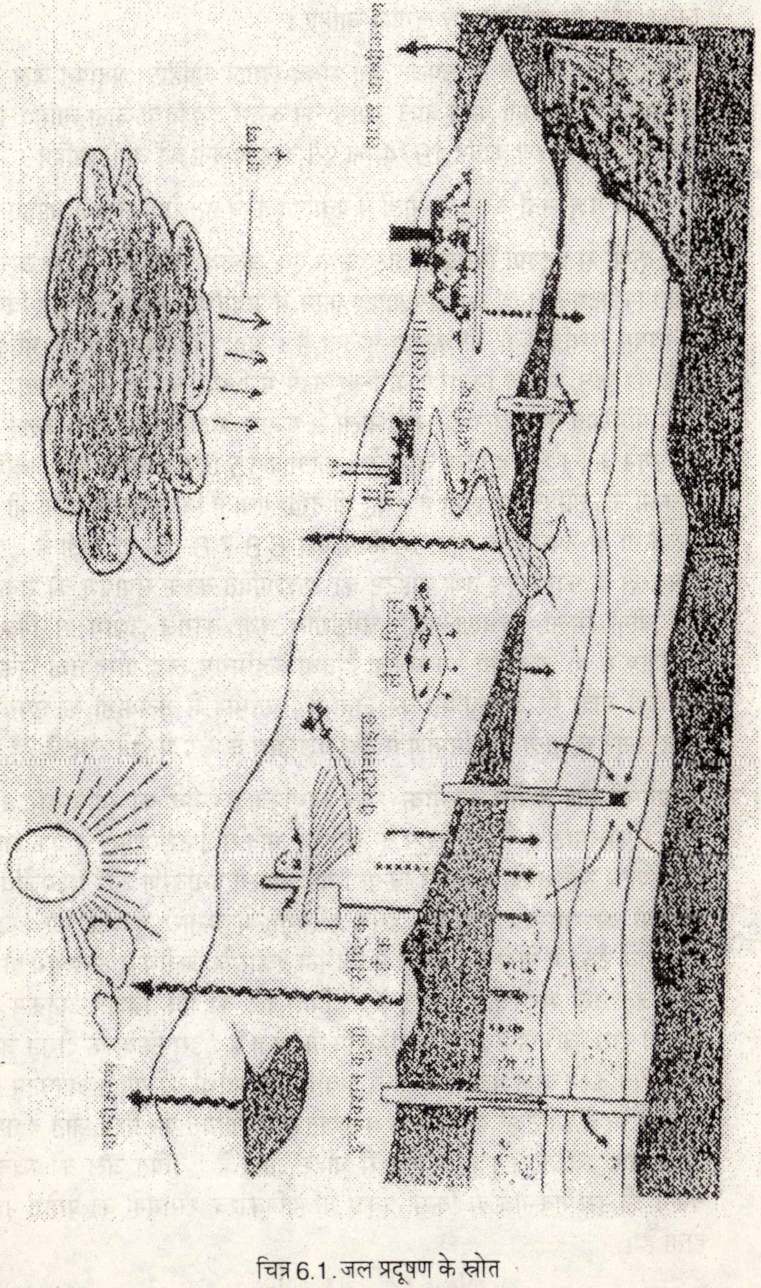

चित्र 6.1. जल प्रदूषण के स्रोत

(3) शौचालय की व्यवस्था पूरी तरह की जानी चाहिए तथा नदी एवं जलाशयों के निकट शौच पर पूर्ण प्रतिबंध लगाना चाहिए।

(4) उद्योग जनित उच्छिष्ट के उपचार हेतु संयंत्र लगाने चाहिए। प्रदूषित जल को जल स्रोतों में प्रवाहित करने वाले उद्योगों को कठोर दंड दिया जाना चाहिए तथा जल प्रदूषण नियंत्रण कानून 1974 की पूरी तरह पालना की जानी चाहिए।

(5) मानव एवं पशु शवों को जल स्रोतों में प्रवाहित करने हेतु रोक लगानी चाहिए।

(6) **जल कुंभी से प्रदूषण नियंत्रण:** जल कुंभी एक जलीय पौधा होता है जो जल में विद्यमान प्रदूषक तत्त्वों का अवशोषण करने में सर्वाधिक सक्षम है। यह विषम से विषम स्थितियों में भी फलता-फूलता है। अतः विकसित देशों में भी इस पौधें को जल प्रदूषण निवारण के लिए काम में लिया जा रहा है। उपचार के लिये बहिस्राव को केवल टेढे-मेढे नालों से गुजारा जाता है तथा उसमें जलकुंभी को उगने के लिये छोड़ दिया जाता है। यह मात्र 15 दिन के भीतर भारी प्रदूषित धातुओं को शोषित कर लेती है। यह भी देखा गया है कि बहिस्राव कैसा भी हो जलकुंभी के उपचार के बाद उसकी पी.एच. 6.8-7.8 तक हो जाती है। यह मल-जल के फास्फोरस तथा नाइट्रेट को अवशोषित करके सुपोषण को रोकती है। चीनी मिलों, दुग्धशालाओं, चर्मउद्योग तथा कागज उद्योग से निकले अपशिष्ट में भी जलकुंभी उग सकती है तथा कैडमियम, लेड, पारद तथा निकेल की बड़ी मात्रा भी अवशोषित कर लेती है। वर्तमान में जलकुंभी का उपयोग खाद बनाने में, बायो गैस निर्माण में तथा पशुखाद्य के रूप में होने लगा है।

(7) **आधुनिक सौर जलीय तकनीक** - इस आधुनिक तकनीक का आविष्कार जॉन टोड ने फालमाऊथ, मैसाचुसेट्स के ओशिन आर्क्स इन्टरनेशनल में एक लाभ रहित शोध सुविधा के अन्तर्गत किया। यह प्रणाली पर्यावरण और सूक्ष्मजैविक विधियों का समन्वय मात्र है। इसमें हरितगृह में कतारों में रखे गए अर्द्ध-पारदर्शक टैंकों में पानी व दलदल में विभिन्न प्रकार के जलीय व अजलीय पौधे, जीव-जंतु तथा सूक्ष्मजीव पनपते हैं। दूषित जल को एक विशेष अनुक्रम से नलियों द्वारा विभिन्न टैंकों में प्रवाहित किया जाता है। इस क्रिया के दौरान जल को दूषित करने वाले पदार्थों व अन्य अवांछनीय पदार्थों का या तो अपघटन हो जाता है या वे इन टैंकों में विद्यमान वनस्पति द्वारा शोषित कर लिये जाते हैं तथा इसके बाद स्वच्छ जल हरित गृह से बाहर आता है। दूषित जल को स्वच्छ बनाने की इस तकनीक में किसी प्रकार के हानिकारक रसायनों का प्रयोग नहीं होता है।

(8) **धूप द्वारा प्रदूषण नियंत्रण-** अमेरिका के वैज्ञानिकों ने अर्द्धचालित लोपित रेशा कांच के केबलों के उपयोग पर आधारित एक ऐसी प्रौद्योगिकी का विकास किया है जिसकी सहायता से केवल धूप का उपयोग करके प्रदूषित वायु एवं जल को काफी हद तक साफ किया जा सकेगा। इस प्रणाली की विशेषता यह होगी कि इसके संचालन तथा रख-रखाव पर कोई विशेष खर्च नहीं होगा क्योंकि प्रदूषकों का ऑक्सीकरण करने वाले अर्द्धचालक पदार्थ उत्प्रेरक की भूमिका निभाने के कारण अभिक्रिया के दौरान स्वयं खर्च नहीं होंगे। प्रक्रिया संचालन के लिये आवश्यक ऊर्जा धूप से प्राप्त होगी।आर्थिक दृष्टि से उपादेय होने के कारण यह विधि लोकप्रिय होगी।

(9) जल प्रदूषण को रोकने, निरंतर निगरानी रखने तथा इसके दुष्प्रभावों एवं अपव्यय को रोकने हेतु जन भागीदारी नितान्त आवश्यक है। अतः श्रृव्य-दृश्य साधनों, समाचार पत्रों, पोस्टरों, गोष्टियों, नुक्कड़ सभाओं आदि के द्वारा इस संबंध में जानकारी दी जा सकती है। स्वयं सेवी संस्थाएं, स्थानीय नागरिक, छात्र, युवक, महिलाएं भी इस राष्ट्रीय कार्यक्रम में अपना योगदान दे सकते हैं।

अध्याय 7

जल से होने वाले रोग

जैसा कि विगत अध्यायों में वर्णित किया जा चुका है कि मानव उपयोग में आने वाले जल का शुद्ध होना नितान्त आवश्यक है। जल के लिए शुद्ध और अशुद्ध शब्दों का तात्पर्य उसके गुणों से है क्योंकि यह संक्रमण का सबसे सामान्य स्रोत है। जल में रोग उत्पन्न करने वाले जीवों के अतिरिक्त उसमें अनेक प्रकार के विषैले पदार्थ भी मिले हो सकते हैं। ये विषैले पदार्थ प्रदूषण के कारण पानी में मिल जाते हैं अथवा जल आपूर्ति प्रणाली से रिसकर पानी में आ सकते हैं। इन पदार्थों में प्रमुख हैं- कैडमियम्, लेड, मरकरी आदि। जिन क्षेत्रों में नाइट्रोजन उर्वरकों का उपयोग बहुत अधिक होता है उन क्षेत्रों के कुओं के जल में नाइट्रेट अत्यधिक मात्रा में पाया जाता है जो शिशुओं, मवेशियों तथा मानव के लिये बहुत हानिकारक होता है। जल अनेक पोषण विकारों को भी उत्पन्न कर सकता है।

जल निश्चित तौर पर कई ऐसे रोगाणुओं और रसायनों को एक स्थान से दूसरे स्थान तक ले जाने का बहुत अच्छा वाहक है जो पानी के साथ हमारी आंतों में पहुँचकर अनेक रोगों को उत्पन्न करते हैं, जैसे- हैजा, मोतीझरा, (टायफायड), पेचिश, अतिसार, सिस्टोसोमियासिस, संक्रामक यकृतशोथ, फ्लोरोसिस आदि। जल के माध्यम से होने वाले रोगों से विश्व भर में प्रतिवर्ष लगभग एक करोड़ व्यक्ति मर जाते हैं। नवजात शिशु एवं बच्चे इन रोगों के अधिक शिकार होते हैं। यूनीसेफ के अनुसार जल के माध्यम से होने वाले रोगों की चपेट में आकर असमय ही मौत के मुँह में चले जाने वालों में आधी संख्या ऐसे शिशुओं की होती है जो अपना एक जन्मदिन भी नहीं मना पाते हैं।

जल से संबंधित रोगों को सामान्यतया 5 श्रेणियों में विभाजित किया जा सकता है जो कि निम्नलिखित हैं-

1. खराब स्वच्छता के अभाव में होने वाले जल संक्रामक रोग-हैजा, टायफायड, संक्रामक यकृतशोथ आदि प्रमुख हैं।

2. पानी की कमी, व्यक्तिगत स्वच्छता के अभाव तथा व्यर्थ पदार्थों से निपटान की उचित व्यवस्था के अभाव से धुलाई-सफाई से संबंधित अनेक रोग हो जाते हैं जैसे- खुजली, कुष्ठरोग, कंजटिवाइटिस, रोहे, तंद्रिक ज्वर (टाइफस), पेराटायफायड ज्वर आदि इनमें प्रमुख हैं। रोहे तो छोटे बच्चों में अंधेपन का प्रमुख कारण है।

3. पीने के पानी में उपस्थित जलीय जीव जल आधारित रोगों को उत्पन्न करते हैं। नारू (गिनीवर्म) तथा मूत्रमार्ग आदि के संक्रमण इसी प्रकार के रोग हैं।

4. जल से संबंधित रोगवाहक कीटों से होने वाले रोगों में पीला बुखार, मलेरिया, फाइलेरिया, निद्रारोग तथा अनेक अन्य विषाणु रोग मच्छरों तथा मक्खियों के माध्यम से फैलते हैं जो पानी में प्रजनन करते हैं।

5. मल निपटान से संबंधित रोगों की श्रेणी में वे रोग आते हैं जो मल में विद्यमान रोग जनक जीवों के सम्पर्क में आने से हो जाते हैं। मल जल के सम्पर्क में आयी अथवा मलजल प्रवाहित मिट्टी में उगाई गई सब्जियों, मछलियों को बिना पकाए अथवा बिना अच्छी तरह साफ किए खाने से इन रोगों का शिकार होना पड़ता है।

दूषित पानी पीने से मनुष्य को होने वाले कुछ प्रमुख रोग निम्न हैं।

(1) विषाणुज यकृत शोथ

विषाणुओं से होने वाला यकृत शोथ कई प्रकार के विषाणुओं से होता है। इनमें से चार विषाणुओं की अब तक पहचान हो चुकी हैं। हमारे देश में शहरी तथा ग्रामीण दोनों ही क्षेत्रों में इस रोग की व्यापकता बहुत अधिक है। रोग के संक्रमण का प्रमुख स्रोत मनुष्य ही होता है। रोग के विषाणु रोगी के मल, रक्त तथा अन्य शारीरिक द्रवों में उपस्थित रहते हैं। रोग के विषाणु रोग के लक्षण प्रकट होने के बाद भी लगभग एक माह तक रोगी के मल के साथ निकलते ही रहते हैं। विषाणुओं का संचरण दूषित भोजन, पानी अथवा रोगी के सीधे सम्पर्क में आने से ही हो सकता है। ऐसी बस्तियों में जहाँ मल निपटान की उचित व्यवस्था न हो अथवा खुले में शौच किया जाता हो, वहाँ ऐसे रोग की संभावनाएँ अधिक होती है।

(2) हैजा

विब्रियो कोलेरा जीवाणु से होने वाला हैजा रोग एक प्रकार का उग्र अतिसारी रोग है जिससे प्रभावित व्यक्ति को बार-बार पतले दस्त आते हैं तथा साथ में खूब उल्टी भी होती है। उल्टी तथा दस्त की अधिकता के कारण शरीर निर्जलन का शिकार हो जाता है। साथ ही रोगी की मांसपेशियों में तेज दर्द होता है तथा पेशाब लगभग बंद हो जाता है। यह रोग प्रमुख रूप से दूषित जल के माध्यम से फैलता है इसलिए यह नदियों के किनारे बसे गांवों मे अधिक होता है। प्रदूषित कुएँ तथा तालाब भी रोग के प्रसार में महत्वपूर्ण भूमिका निभाते हैं। धार्मिक मेलों एवं सामाजिक भीड़-भाड़ वाले कार्यों में इस रोग की महामारी बहुत ही आम बात है। इस रोग में बहुत जल्दी ही निर्जलन के कारण रोगी की आंखें धस जाती है, गाल चिपक जाते हैं, शरीर का तापमान सामान्य से कम हो जाता है। हाथ तथा शरीर की त्वचा में झुर्रियां पड़ जाती है, नब्ज धीमी हो जाती है तथा सांस भी अनियमित हो जाती है। यदि रोगी का तुरंत उपचार न किया जाए तो बहुत शीघ्र रोगी की मृत्यु भी हो जाती है। हैजा फैलाने में मक्खियों का प्रमुख हाथ होता है। हैजे से बचने का एक ही उपाय है सफाई की उचित व्यवस्था तथा पीने के पानी को संदूषित होने से बचाना।

(3) पोलियो

पोलियो रोग बच्चों के लंगड़ेपन तथा अपंगता का सबसे प्रमुख कारण है। भारत में प्रतिवर्ष लगभग दो लाख बच्चे पोलियों के शिकार होकर अपंग हो जाते हैं। इनमें से अधिकांश बच्चे दो वर्ष से भी कम आयु के होते हैं। इस रोग का सबसे अधिक प्रकोप 18 महीने की आयु के बच्चों में देखा गया है। पोलियों भी एक विषाणु जन्य रोग है। इसके विषाणु मनुष्य के मल तथा मुखग्रसनी स्राव में होते हैं और इनका प्रसार इनसे संक्रमित पानी के माध्यम से पानी, दूषित भोजन, दूध एवं दूषित हाथों के द्वारा होता है। हमारी सरकार पोलियो उन्मूलन को राष्ट्रीय कार्यक्रम के रूप में महत्त्व दे रही है।

(4) टायफायड तथा पैराटायफाइड ज्वर

ये दोनों ही बुखार आंत्रज्वर की श्रेणी में आते हैं। आंत्रज्वर उन सभी देशों की समस्या है जहाँ अभी भी मल निपटान की उचित व्यवस्था नहीं हैं। टायफाइड तथा पैराटायफाइड दोनों ही संक्रामक प्रकार के रोग हैं जो साल्मोनेला टायफी तथा

साल्मोनेला पैराटायफी जीवाणुओं से होते हैं। ये जीवाणु केवल मानव शरीर में ही पाए जाते हैं और उनके मल-मूत्र के साथ शरीर के बाहर निकलते हैं। खुले स्थान में त्यागे गये मल-मूत्र में उपस्थित ये जीवाणु नदियों, नहरों, झीलों, कुओं, तथा तालाबों के पानी में मिलकर मनुष्य के शरीर में पहुंच जाते हैं।

(5) पेचिश

वैसे तो पेचिश सम्पूर्ण विश्व की समस्या है परन्तु विकासशील देश के नागरिक इसके अधिक शिकार होते हैं। यह जीवाणुओं तथा एक प्रकार के अमीबा द्वारा होती है। बार-बार दस्त आना तथा मल के साथ श्लेष्मा तथा रक्त आना पेचिश के लक्षण होते हैं। पेचिश उत्पन्न करने वाले रोगाणु भी मानव मल में होते हैं तथा शौच के बाद अच्छी तरह से हाथ न धोने, मल निपटान की उचित व्यवस्था न होने आदि कारणों से संक्रमित जल के माध्यम से एक दूसरे व्यक्ति के शरीर में पहुंचते हैं।

(6) फ्लोरोसिस

फ्लोरोसीस वैसे तो किसी रोगजनक जीव के साथ जुड़ी समस्या या रोग नहीं है। परन्तु इसका सम्बन्ध भी ऐसे दूषित पानी से ही है जिसमें फ्लोराइड की मात्रा अधिक होती है। यह रोग अधिक मात्रा में फ्लोराइड हमारे शरीर में जाने से होता है। यद्यपि फ्लोराइड की अत्यल्प मात्रा हमारे दांतों के उचित विकास के लिये आवश्यक होती है, परन्तु इसकी मात्रा आवश्यकता से थोड़ी भी अधिक हो जाने से दांत की चमकदार सतह पर गंदे धब्बे पड़ जाते हैं। लगातार अधिक मात्रा में फ्लोराइड के जल एवं खाद्य पदार्थों के साथ शरीर में जाते रहने से रीढ़ की हड्डी, घुटनों की हड्डियाँ, पसलियाँ एवं अन्य जोड़ों की हड्डियां प्रभावित होती है। अनेक रोगियों में हड्डियाँ आवश्यकता से अधिक बढ़ी हुई देखी गई है, जोड़ों की हड्डियाँ जकड़ जाती हैं जिससे प्रभावित अंग की चाल प्रभावित होती है, हड्डियाँ बढ़कर झुक जाती है, तथा वे जरा सा भी दबाव पड़ने पर टूट सकती है। कई लोग इसके कारण कुबड़े भी हो चुके हैं। हमारे देश में फ्लोरोसिस से प्रभावित लगभग एक करोड़ व्यक्ति है। न केवल मानव वरन् पशुओं में भी फ्लोरोसिस रोग देखा गया है। फ्लोरोसिस से ग्रसित रोगी युवावस्था में भी बुढ़ा लगने लगता है (चित्र 7.1 अ एवं ब)। इस प्रकार यह एक सामाजिक रोग भी है।

(7) इन सभी रोगों के अतिरिक्त अमीबीयोसीस, जियार्डियासिस, अनेक प्रकार के परजीवी रोग जैसे नारू, ऐस्केरियासिस, जियार्डीयासिस आदि रोग भी मानवता को दूषित पानी की ही देन है। मलेरिया तथा फाइलेरिया रोग दूषित जल के कारण तो

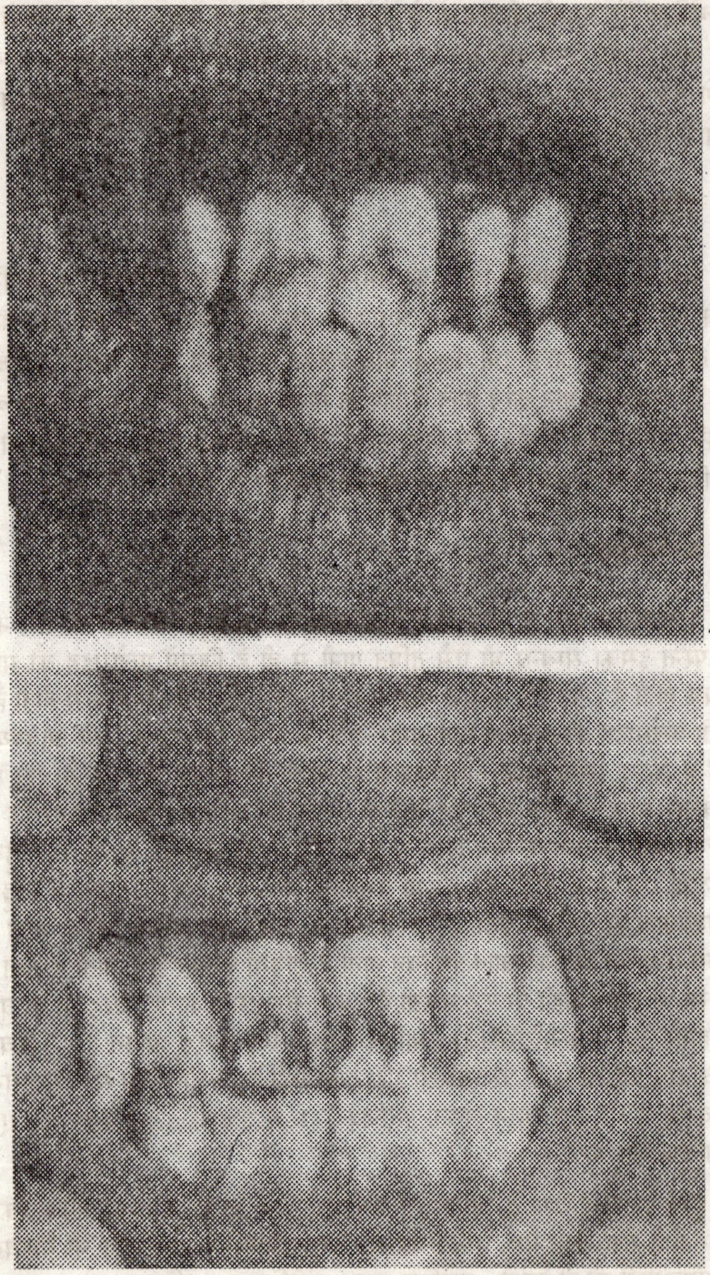

चित्र 7.1.(अ) दन्त फ्लोरोसिस

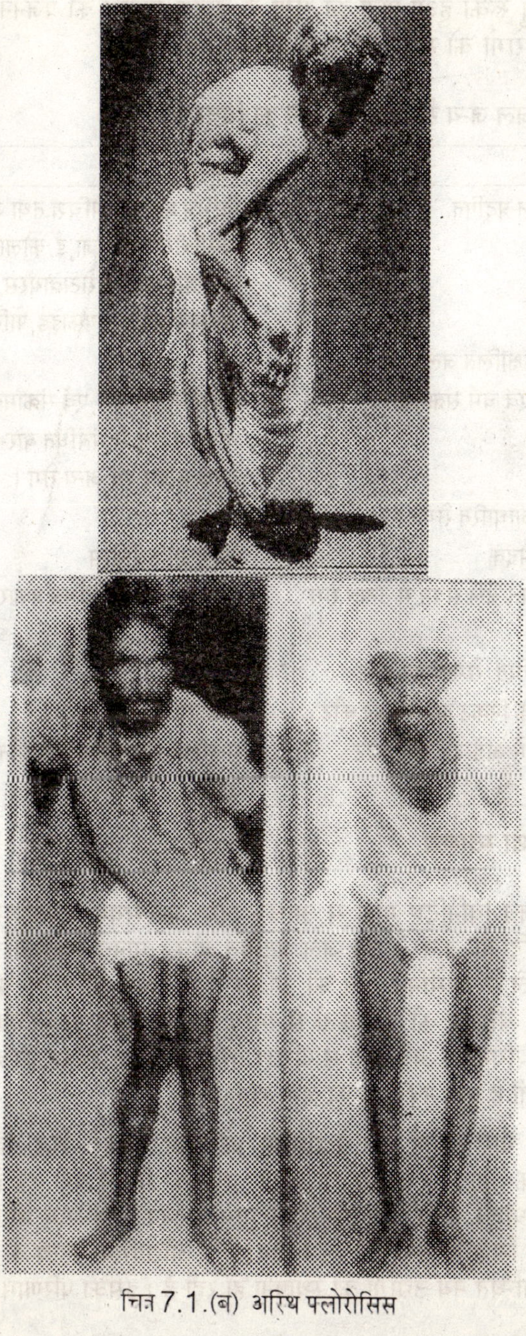

चित्र 7.1.(ब) अस्थि फ्लोरोसिस

नहीं होते, परन्तु रूका हुआ पानी इन रोगों के वाहक मच्छरों का प्रजनन स्थल होता है। जल जन्य रोगों को सारणी 7.1 में दर्शाया गया है।

सारणी 7.1. जल जन्य रोग एवं संक्रमण का विवरण

	वर्ग	संक्रमण
1	जल - मल प्रदूषित	विभिन्न प्रकार के पेचिश तथा अतिसार (अमीबीरुग्णता, हैजा, ई. कोलाई, डायरिया, जियार्डीरुग्णता, रोटावायरस, सालमोनिलोसिस आदि) टायफाइड, पोलियो आदि।
2	प्रदूषित प्रक्षालित जल	
	(i) चक्षु एवं चर्म संक्रमण	संक्रामक चर्म रोग, एवं संक्रामक चक्षु रोग।
	(ii) अन्य	चीलर एवं जूँ से संबंधित बार-बार आने वाला बुखार एवं अन्य रोग।
3	जल पर आधारित रोग	
	(i) चर्म भेदक	सिस्टोसोमियासिस
	(ii) प्रदूषित जल सेवन से उत्पन्न रोग	गिनीया वर्म एवं विभिन्न प्रकार के कृमि रोग
4.	जल संबंधित रोग वाहक कीट	
	(i) जल के निकट काटने वाले कीट	स्लीपिंग सिकनेस।
	(ii) जल में अंडे देने वाले कीट	मलेरिया, फाइलेरिया, डेंगू, पीत-ज्वर आदि।

भारी धातुएँ तथा स्वास्थ्य

जल में जब विर्निदिष्ट मात्रा से अधिक लोह, कैल्सियम, मैग्नीशियम, मरकरी, कैडमियम आदि हो जाते हैं तब जल प्रदूषित होकर मानव स्वास्थ्य पर कुप्रभाव डालता है। जल में आर्सेनिक तत्व की अधिकता से कैंसर, कैल्सियम की अधिकता से गुर्दे के रोग, बेरियम की अधिकता से स्नायु तंत्र एवं हृदय पर हानिकारक प्रभाव पड़ते हैं, मैग्नीशियम की अधिकता से पेचिश रोग एवं स्मरण शक्ति का ह्रास होता है, नपुंसकता बढ़ती है तथा नेत्र रोगों का ज़न्म होता है।

आजकल भारी धातुएँ जैसे कैडमियम, क्रोमियम, मरकरी, लेड, कॉपर, निकेल, जिंक, आर्सेनिक आदि विषाक्तता के कारण चर्चा का विषय बनी हुई हैं। इनमें से कुछ तो इतनी घातक है कि यदि दस लाख भाग में इनका एक भाग भी विद्यमान रहे तो ये जानलेवा सिद्ध हो सकती है। इन धातुओं के औद्योगिक महत्व के कारण नित्य प्रति इनसे सम्बन्धित नये उद्योगों की स्थापना हो रही है। इसका परिणाम यह होता है

कि इन धातुओं के विषाक्त अपशिष्टों का जमाव होता जा रहा है, जो कि घातक है। सारणी 7.2. में कुछ प्रमुख धातुओं के स्रोत दिये गये हैं।

आर्सेनिक विषाक्तता

भूमिगत जल में आर्सेनिक प्रदूषण दक्षिणी एशिया में भारत तथा बंगलादेशा के एक बड़े भू-भाग के लिए एक विकट समस्या बना हुआ है। आर्सेनिक की विषाक्तता उसके रासायनिक स्वरूप पर निर्भर करती है। आर्सेनिक के त्रिसंयोजी स्वरूप में सर्वाधिक विषाक्तता होती है।अतः आर्सेनाइट के रूप में उपस्थित आर्सेनिक के सभी अकार्बनिक लवण अत्यधिक विषैले होते हैं। मनुष्य में पर्यावरणीय आर्सेनिक मुख्यतया जल तथा भोजन के माध्यम से पाचन नली में तथा दूषित वायु से श्वसन द्वारा फेफड़ों तक पहुंचता है। एक स्वस्थ व्यक्ति के लिए'आर्सेनिक की 100 मि.ग्रा. मात्रा का सेवन प्राणघाती सिद्ध हो सकता है। आर्सेनिक के अचानक शरीर में इतनी अधिक मात्रा में पहुंचने से पाचन नली में सूजन आ जाना, गला बंद हो जाना, पाचन क्रिया में विकार, वमन, दस्त, नेत्र श्लेष्मला शोथ, जल अल्पता, पांवों में मरोड़, अनियमित नाड़ी, चक्कर आना, पक्षाघात तथा बेहोशी के बाद मृत्यु भी हो सकती है। यदि मृत्यु न हो तो स्थाई चर्म रोग, नाड़ी रोग, हृदय विकलता तथा रक्त कैंसर भी हो सकता है।इससे भी सूक्ष्म या अतिसूक्ष्म मात्रा में आर्सेनिक के शरीर में पहुंचने के भी दूरगामी गंभीर परिणाम हो सकते हैं। (चित्र 7.2)

चित्र 7.2. आर्सेनिक विषाक्तता

सारणी 7.2. कुछ प्रमुख धातुओं के स्रोत

धातु	स्रोत
कैडमियम	इलेक्ट्रोप्लेटिंग, जिंक उत्पादन, कैडमियम सैल उद्योग
क्रोमियम	चमड़ा शोधन, एल्युमीनियम, इलेक्ट्रोप्लेटिंग, रसायन तथा उर्वरक उद्योग
लेड (सीसा)	बैटरी, बाल बियरिंग, सोल्डरिंग, केबिल, बारूद, प्रिंटिग एवं पेन्ट उद्योग
मरकरी (पारा)	बैटरी, ट्यूबलाइट, मरकरी लैंप, पेन्ट उपकरण, बेरोमीटर, मेनोमीटर, उत्प्रेरक, कृषि रसायन तथा कागज उद्योग
निकेल	इलेक्ट्रोप्लेटिंग उद्योग
जिंक	बैटरी व कॉस्मेटिक उद्योग

इन अपशिष्टों के नदी, जल स्रोतों, वायु तथा मिट्टी आदि में पहुंचने से क्रमशः जल, वायु तथा मिट्टी में धात्विक प्रदूषण की समस्या उत्पन्न हो जाती है। इसके अतिरिक्त खाद्य सामग्री भी प्रदूषित होने लगी है। इन पर भारी धातुओं से हुए प्रदूषित जल का मानव स्वास्थ्य पर प्रभाव सारणी 7.3 तथा चित्र 7.3 में दर्शाया गया है।

सारणी 7.3. भारी धातुओं से प्रभावित जल का मानव स्वास्थ्य पर प्रभाव

धातुएं	स्वास्थ्य पर प्रभाव
मरकरी (पारा)	दिमागी क्षति, लकवा, मृत्यु।
कैडमियम	जापान में इटई-इटई रोग, मुँह से अधिक मात्रा में लार गिरना, पेट में तीव्र पीड़ा, जिगर एवं गुर्दे में खराबी, ट्यूमर का उद्भव।
लेड (सीसा)	अरक्तता, मस्तिष्क क्षतिग्रस्त होना, उल्टी होना, यकृत एवं वृक्क क्षतिग्रस्त होना, मानसिक गतिरोध अनिद्रा, कब्ज।
आर्सेनिक	मस्तिष्क विकार, यकृत-वृक्क क्षतिग्रस्त होना, फेफड़ों एवं आहार तंत्र का कैंसर।
क्रोमियम	अल्सर, त्वचा रोग एवं कैंसर
तांबा	अधिक यूरिया निर्माण, तनाव एवं अचेतावस्था
बेरियम	उग्र आंत्र रोग, धमनियों एवं मांसपेशियों में तनाव, दृश्य विकार एवं ऐंठन के दौरे।
जस्ता	उल्टी आना, वृक्क एवं शिराएँ नष्ट होना।
कोबाल्ट	लकवा, अतिसार, अस्थियों में विकार, फेफड़ों में खिंचाव तथा कम रक्तचाप आदि।

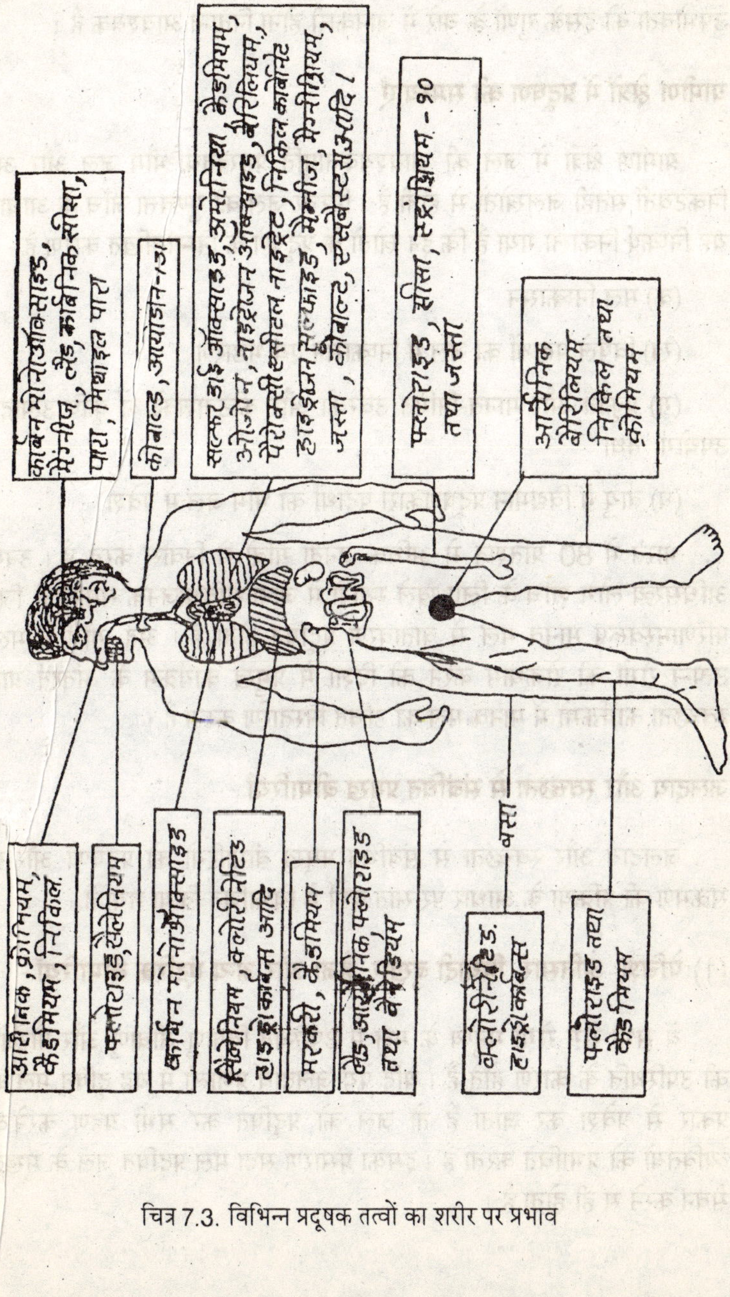

चित्र 7.3. विभिन्न प्रदूषक तत्वों का शरीर पर प्रभाव

अतः यह स्वतः सिद्ध हो जाता है कि मानव उपयोग हेतु काम में लिया जाने वाला जल गुणवत्ता की कसौटी पर खरा उतरना चाहिए तथा जल के प्रत्येक उपभोक्ता को इसके गुणों के बारे में जानकारी होना नितान्त आवश्यक है ।

ग्रामीण क्षेत्रों में प्रदूषण की समस्याएँ

ग्रामीण क्षेत्रों में जल की आवश्यकतापूर्ति प्रमुखतया भौम जल और अंशतः निकटवर्ती सतही जलस्रोतों से होती है । निरंतर जल की गुणवत्ता जाँच के आधार पर यह निष्कर्ष निकाला गया है कि इन स्रोतों के प्रदूषण के निम्नलिखित कारण है -

(क) मल निष्कासन

(ख) विषैले पदार्थों का जल में निष्कासन एवं भंडारण,

(ग) प्रकृति और मानव-निर्मित उर्वरकों और कीटनाशकों का कृषि उत्पादन में उपयोग, तथा

(घ) वायु में विद्यमान प्रदूषणकारी पदार्थों का भौम जल में प्रवेश

भारत में 80 प्रतिशत से अधिक जनता गाँवों में निवास करती है । उनमें से अधिसंख्य लोग शौच के लिए खुले स्थानों में जाना सुविधाजनक समझते हैं, जिसके परिणामस्वरूप मानव मल से वातावरण प्रदूषित होता है । अतः गाँवें में मल से उत्पन्न रोगों की रोकथाम करने की दिशा में प्रमुख कार्यक्रम के अंतर्गत ग्रामीण स्वच्छता कार्यक्रमों में मानव-मल का उचित निस्तारण करना है ।

जलदाय और स्वच्छता से संबंधित प्रमुख बीमारियाँ

जलदाय और स्वच्छता से संबंधित प्रमुख बीमारियों को प्रदूषणों और उनके संक्रमण की प्रक्रिया के आधार पर सात वर्गों में विभाजित किया गया है -

(1) पेचिश, अंतिसार, मियादी बुखार, हैजा और अन्य एंटरिक बीमारियाँ -

ये सभी रोग रोगी मनुष्य के मल में उपस्थित विषाणु-जीवाणु और प्रोटोजोआ की उपस्थिति के कारण होते हैं । यदि पेय जलदाय प्रणाली में यह दूषित मल किसी प्रकार से प्रवेश कर जाता है तो जल को प्रदूषित कर सभी ग्रहण करने वाले व्यक्तियों को प्रभावित करता है । इसका प्रसारण सदा मल प्रदूषित जल के मुखद्वारा सेवन करने से ही होता है ।

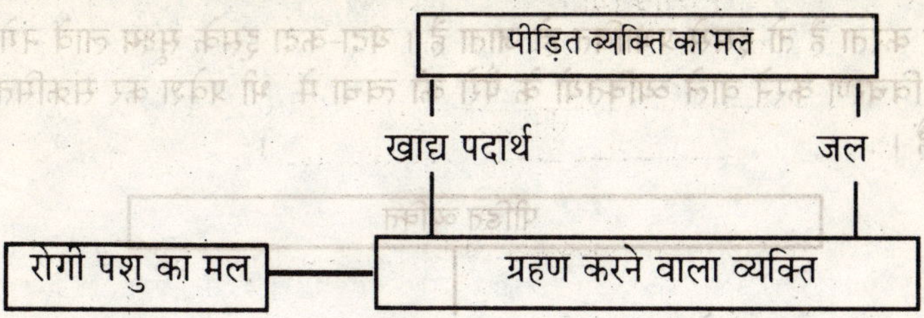

(2) **वायरस रोग -**

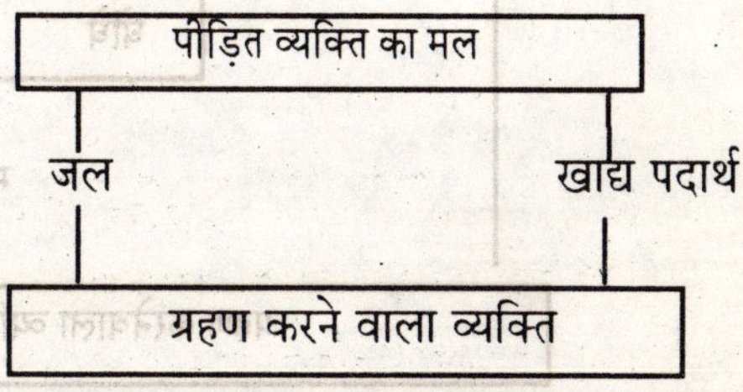

इस रोग-समूह के अंतर्गत पोलियो और पीलिया (हेपेटाइटिस 'ए') की बीमारियाँ, जो रोगी मनुष्य के सीधे संपर्क या उसके द्वारा संक्रमित भोजन या जल के सेवन से फैलती हैं, सभी परिस्थितियों में रोगी मनुष्य के मल में ये विषाणु रहते हैं जो उपर्युक्त माध्यमों से मनुष्य के शरीर में प्रवेश कर रोग का कारण बनते हैं।

(3) **कृमि - संक्रमण (बिना माध्यम के)**

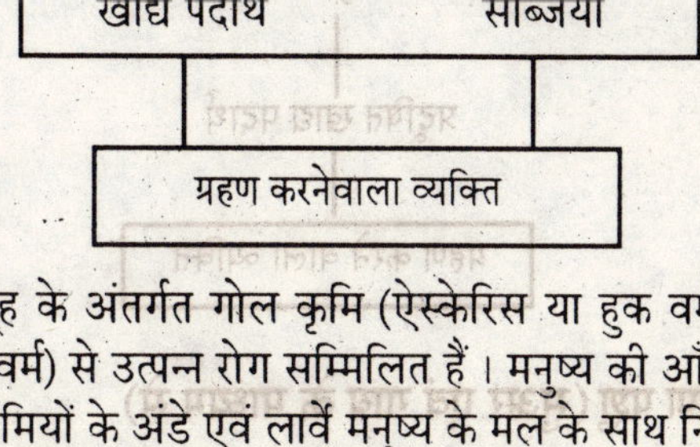

इस रोग-समूह के अंतर्गत गोल कृमि (ऐस्केरिस या हुक वर्म) और सूत्र कृमि (ट्रिचूरिस या थ्रेड वर्म) से उत्पन्न रोग सम्मिलित हैं। मनुष्य की आँतों में व्यस्क कृमि रहते हैं और इन कृमियों के अंडे एवं लार्वे मनुष्य के मल के साथ निष्कासित होते हैं। ये नम एवं गरम मिट्टी में 10 से 40 दिनों के बीच में रहने के उपरांत संक्रमण का कारण बनते हैं। इनसे संक्रमित भोजन, धूल, मिट्टी, सब्जियाँ आदि जब मनुष्य

ग्रहण करता है तो इससे प्रभावित हो जाता है। यदा-कदा इसके सूक्ष्म लार्वें नंगे पैरों द्वारा विचरण करने वाले व्यक्तियों के पैरों की त्वचा में भी प्रवेश कर संक्रमित कर देते हैं।

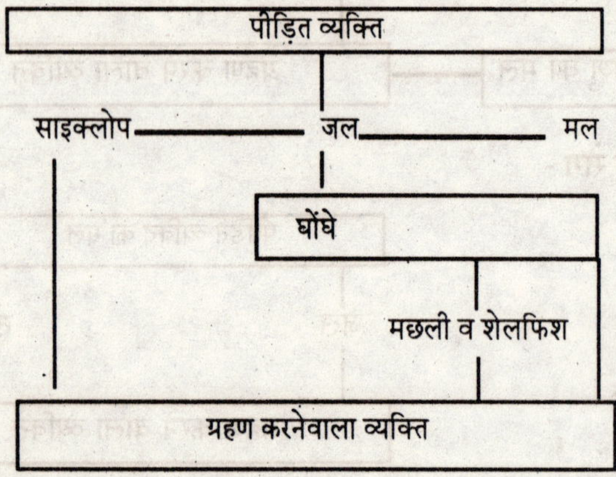

(4) कृमि संक्रमण (जलीय माध्यम द्वारा) -

इस रोग समूह के अंतर्गत वे कृमि संक्रमण सम्मिलित हैं जो जल में रहने वाले जीवों के माध्यम से फैलते हैं।

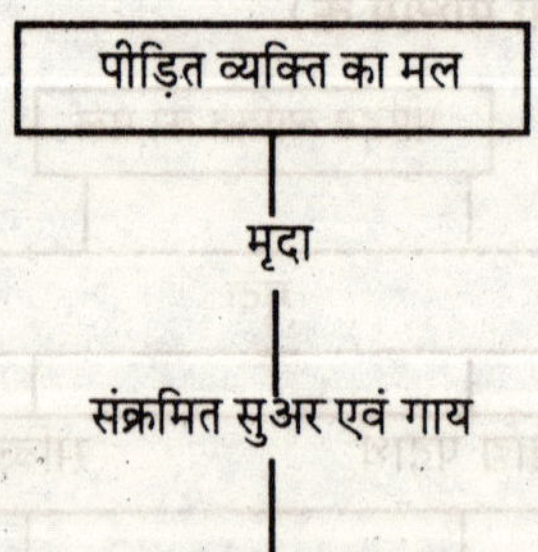

(5) कृमि संक्रमण पशु (सुअर एवं गाय के माध्यम से)

इस रोग समूह में मुख्यतः फीताकृमि से उत्पन्न रोग आते हैं। पीड़ित व्यक्ति के शरीर से विकसित अंडों के साथ मल को जब कोई गाय या सुअर खा लेता है तो

संक्रमित हो जाता है। इन गायों और सुअरों के अधपके मांस को खाने से मनुष्य फीताकृमि से उत्पन्न होने वाले रोगों से पीड़ित हो जाता है। गाय के शरीर में टीनिया सेजेनेटा, सुअर के शरीर में टीनिया सोलियम जाति के फीताकृमि पनपते हैं।

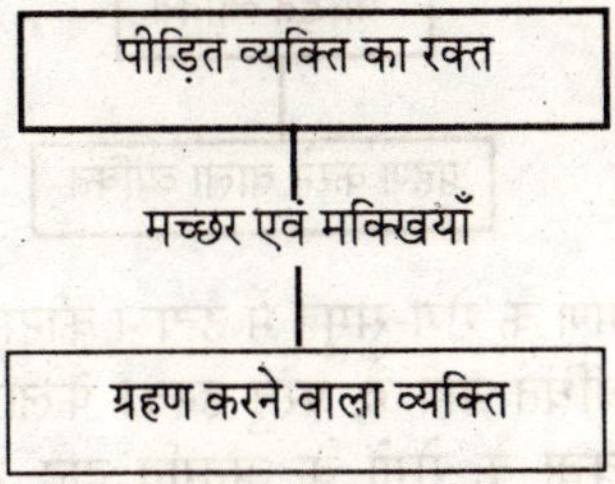

(6) जल से संबंधित कीटों द्वारा फैलनेवाली बीमारियाँ

इस रोग समूह में विभिन्न प्रकार के मलेरिया, फाइलेरिया, डेंगू, पीत-ज्वर आदि सम्मिलित हैं। मलेरिया रोग एक व्यक्ति से दूसरे व्यक्ति में एनाफिलीज वंश की चार उपजाति के मच्छरों - (1) प्लाजमोडियम फालसीपेरम, (2) प्लाजमोडियम वाईवेक्स (3) प्लाजमोडियम ओवेल, तथा (4) प्लाजमोडियम मलेरी नाम के मच्छरों के द्वारा फैलता है, जिसके प्रभाव से मनुष्य कुछ सप्ताहों तक पीड़ित रहता है। इस रोग में तीव्र ज्वर, जी मिचलाना, सिरदर्द व पसीना आना सम्मिलित हैं। गंभीर प्रकार का मलेरिया प्लाजमोडियम फालसीपेरम नामक मच्छर के काटने से फैलता है और यकृत तथा केंद्रीय स्नायु संस्थान प्रणाली को प्रभावित कर मूर्च्छा और कभी कभी मृत्यु का कारण बनता है। प्रायः मादा मच्छर ही अपने अंडों के पोषण के लिए जीवों के रक्त को चूसती है। ये मच्छर अधिकतर शाम को ही काटते हैं। फाइलेरिया रोग क्यूलेक्स पाइपियनस नामक मच्छरों के रात्रि में काटने से फैलता है, जिसमें लिंफ ग्रंथियों में सूत्र कृमि विकसित होते हैं जो छोटे-छोटे लार्वे होते हैं और अत्यधिक संख्या में रक्त में प्रवाहित करते हैं। अत्यधिक मात्रा में उपस्थित ये कृमि लिंफ नलिकाओं में गतिरोध उत्पन्न कर पैरों में सूजन प्रकट करते हैं जिसे हाथी पाँव या फीलपाँव के नाम से जाना जाता है। डेंगू और पीत ज्वर और दूसरे विषाणु संक्रमण एंडीज इजिप्टाई नामक उपजाति के मच्छरों द्वारा फैलते हैं। ये मच्छर विशेषकर नगरीय क्षेत्रों में एक व्यक्ति से दूसरे व्यक्ति के शरीर में विषाणु संचालित कर रक्तस्रावी ज्वर फैलाते हैं। यह उपजाति एक पालतू मच्छर है जो साफ पानी के अधभरे छोटे पोखर, ड्रम, टंकियों, रबर के टायरों, पेड़ों के खोखों, मटकों, ढोलों आदि में पनपते हैं।

(7) जल से संबंधित त्वचा, नेत्र व अन्य रोग -

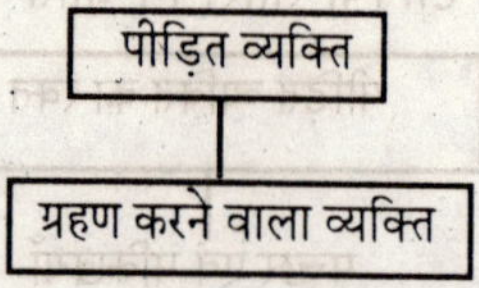

उक्त मिश्रित संक्रमण के रोग-समूह में उत्पन्न कीटाणु या जीवों तथा जल- मल से प्रदूषित जल से संबंधित नहीं है, परंतु इनका फैलाव व्यक्ति की स्वच्छता के अभाव में होता है। त्वचा के रोगों के अंतर्गत दाद, खाज, खुजली के संक्रमण, त्वचीय फुंसी, फोड़े और स्कैबीज रोग प्रमुख है। नेत्र संक्रमणों के अंतर्गत प्रमुख रोगों में रोहे, कंजक्टीवाइसिस, सूजन व नेत्र फ्लू आते हैं जिनका प्रसार रूक्ष क्षेत्रों में अत्यधिक पाया गया है। नेत्र स्राव का उँगलियों, कपड़ों और मक्खियों के द्वारा पीड़ित व्यक्ति से दूसरे व्यक्ति में फैलना ही इसके संक्रमण का कारण है।

अन्य बीमारियों के अंतर्गत व्यक्तिगत स्वच्छता के अभाव में फैलनेवाले वे रोग है, जो खटमल, जूँ, चीलर, पिस्सू आदि कीड़ों से फैलते हैं। ये प्रायः निर्धन, घनी बसी बस्तियों में, प्रमुखतः शीत ऋतु में होते हैं, जब मनुष्य अधिक दिनों तक कपड़े नहीं बदलता या नहीं धोता है और स्वच्छ नहीं रहता है।

रोग उपचार और नियंत्रण

(1) स्वच्छ पेयजल व्यवस्था में सुधार,

(2) पेयजल की उपलब्धि के साथ-साथ उपभोग में समन्वय और की निष्कासन व्यवस्था,

(3) जल-भंडारण, वितरण, और रख-रखाव में सुधार,

(4) भोजन तथा व्यक्तिगत और घरेलू स्वच्छता,

(5) तकनीकी और शैक्षणिक उपाय,

(6) औषधि उपयोग, तथा

(7) जन-भावना और संस्कृति को ध्यान में रखते हुए जल से संबंधित रोगों की समझ के साथ-साथ जनसमुदाय, विशेषकर महिलाओं, की इन कार्यक्रमों में भागीदारी।

संयुक्त राष्ट्र विकास कार्यक्रम और यूनिसेफ के अतिरिक्त अन्य अंतरराष्ट्रीय

संस्थाओं ने स्वास्थ्य की समस्याओं को दूषित जल और अस्वच्छ परिस्थितियों को ध्यान में रखकर यह निष्कर्ष निकाला है कि विकासशील देशों में 5 वर्ष तक की आयु के लगभग 40 लाख बच्चे प्रतिवर्ष प्रदूषित जल और अस्वच्छ पर्यावरण से उत्पन्न दस्त और पेचिश की बीमारियों से मृत्यु को प्राप्त हो जाते हैं। दूसरा निष्कर्ष यह भी है कि करोड़ों लोग, विशेषकर महिलाएँ और बच्चे, अपने जीवन की अत्यधिक शक्ति और समय दूरस्थ क्षेत्रों से जल संग्रह में व्यय करते हैं। पूरे विश्व में किए गए प्रयासों के अंतर्गत प्रत्येक व्यक्ति को स्वच्छ पेयजल और स्वच्छ वातावरण उपलंब्ध कराने की दिशा में संयुक्त प्रयास किये जा रहे हैं।

जनसमुदाय की भागीदारी

जनसमुदाय की भागीदारी से प्रमुख तात्पर्य है कि लोग अपनी समस्याओं का समाधान स्वयं करें ताकि उनमें उत्तरदायित्व की भावना का विकास हो।

ग्रामीण जलदाय योजना में भाग लेने वाले व्यक्तियों में निर्धन से निर्धन सभी धार्मिक समूह, सभी सामाजिक-आर्थिक समूह, व्यवसायी, जननेता, शिक्षक, स्थानीय चिकित्सक, स्वास्थ्य सेवक और स्वयंसेवी संस्थाओं व पंचायत और नगर परिषदों के सदस्य सम्मिलित होने चाहिए। इस दिशा में 'पानी पंचायत' की भूमिका अत्यंत प्रभावकारी सिद्ध हो सकती है।

अध्याय 8

जल शुद्धिकरण की प्रौद्योगिकियाँ

स्वच्छ पेयजल मनुष्य की मूलभूत आवश्यकता है तथा साफ पानी का अर्थ है जल का हानिकारक ज़ीवाणुओं एवं विषाक्त पदार्थों से रहित होना। ऐसा जल रंगहीन एवं स्वादहीन होता है। पीने योग्य जल का तापमान भी सामान्य होना आवश्यक है तथा उसमें यथोचित रूप से ऑक्सीजन भी घुली होनी चाहिए। स्वच्छ जल कभी भी कपड़ों पर दाग नहीं छोड़ता। परन्तु समस्या यह है कि ऐसे पानी की आवश्यकता पूर्ति कैसे हो क्योंकि आज देश की अधिकांश आबादी पीने के लिए उपयुक्त पेयजल की बूंद-बूंद को तरस रही है। जीवन की इस मूलभूत आवश्यकता को समझते हुए देश में सर्वत्र पीने का पानी उपलब्ध कराने के कार्य को राष्ट्रीय स्तर पर प्राथमिकता की श्रेणी में रखा गया है।

यह देखा गया है कि प्राकृतिक जल में खनिज लवणों की मात्रा अत्यधिक विद्यमान रहने से जल पीने योग्य नहीं रहता है। कुछ खनिजों जैसे - फ्लोराइड, सीसा, मैंगनीज एवं लोहे की मात्रा का पानी में अधिक होना, अनेक रोगों को उत्पन्न करता है। विश्व स्वास्थ्य संगठन के एक प्रतिवेदन के अनुसार 80 प्रतिशत बीमारियाँ जल की कमी व सफाई न रहने के कारण उत्पन्न होती हैं। अतः स्वस्थ एवं सुखी समाज के लिए साफ पानी की उपलब्धता नितान्त आवश्यक है।

सुरक्षित पेय जल कैसे प्राप्त करें ?

जल के शोधन और पर्यावरणीय स्वच्छता से हमें सुरक्षित जल प्राप्त होता है।

जल को कैसे शोधित करें ?

इसके लिए हमें अधोलिखित महत्त्वपूर्ण कार्य करने होंगे -

छानना।

निथारना।

फिल्टर करना।

रोगाणुनाशन।

रख-रखाव।

छानना

जल को कपड़े से छानिए। इससे कुछ दिखाई देने वाली अशुद्धताएँ जैसे पत्तियाँ और रेत के बड़े कण आदि दूर हो जाएंगे।

निथारना

जल में अघुलनशील एवं लम्बित अशुद्धताएँ संग्रहण से नीचे बैठ जाती है। अगर कीचड़ वाले पाने को चौबीस घंटे तक हिलाया न जाये तो मिट्टी के कण नीचे बैठ जायेंगे। कभी-कभी धूल के कुछ हल्के कण केवल संग्रहण से नीचे नहीं बैठते, इसके लिये जल को फिटकरी (Alum) से संसाधित करना जरूरी है। इसके लिए फिटकरी का एक टुकड़ा लें और उसे पानी में घेरे बनाते हुए कई बार घुमायें। इससे हल्के कण भी कुछ घंटें के भीतर नीचे बैठ जायेंगे। और जल पहले से अधिक स्वच्छ हो जायेगा।

फिल्टर करना

फिल्टर करने का अर्थ है पानी को स्वच्छ रेत की परतों से गुजारना। फिल्टर करने से पानी से बहुत हल्की अशुद्धतायें भी दूर हो जाती है। यह बहुत महत्त्वपूर्ण प्रक्रिया है। यह प्रक्रिया जल में मौजूद जीवाणु और कीटाणु भी खत्म कर सकती है।

घर पर फिल्टर कैसे बनाए ?

यह काम हर घर में किया जा सकता है। कुछ मकानों का समूह या समुदाय संयुक्त रूप से भी यह काम कर सकता है।

प्रयोग 1

लगभग 40 से 50 लीटर क्षमता का एक घड़ा ले (जिसकी ऊंचाई लगभग 40 से 50 से.मी. हो) घड़ा या बर्तन स्टील, तांबे या मिट्टी का भी हो सकता है। घड़े को 7 से 10 से.मी. तक की ऊंचाई तक बजरी से भर दें।

बजरी के ऊपर तक स्वच्छ रेत की परत जमा दें। इसके ऊपर 3 से 5 से.मी. की एक बजरी की परत जमा दें। अब घड़े के शेष भाग (लगभग 15 से.मी.) को पानी से भर दें। घड़े के तल से 5 से.मी. की ऊंचाई पर एक टोटी लगा दें। इससे हमें बहुत स्वच्छ पारदर्शक जल प्राप्त होगा।

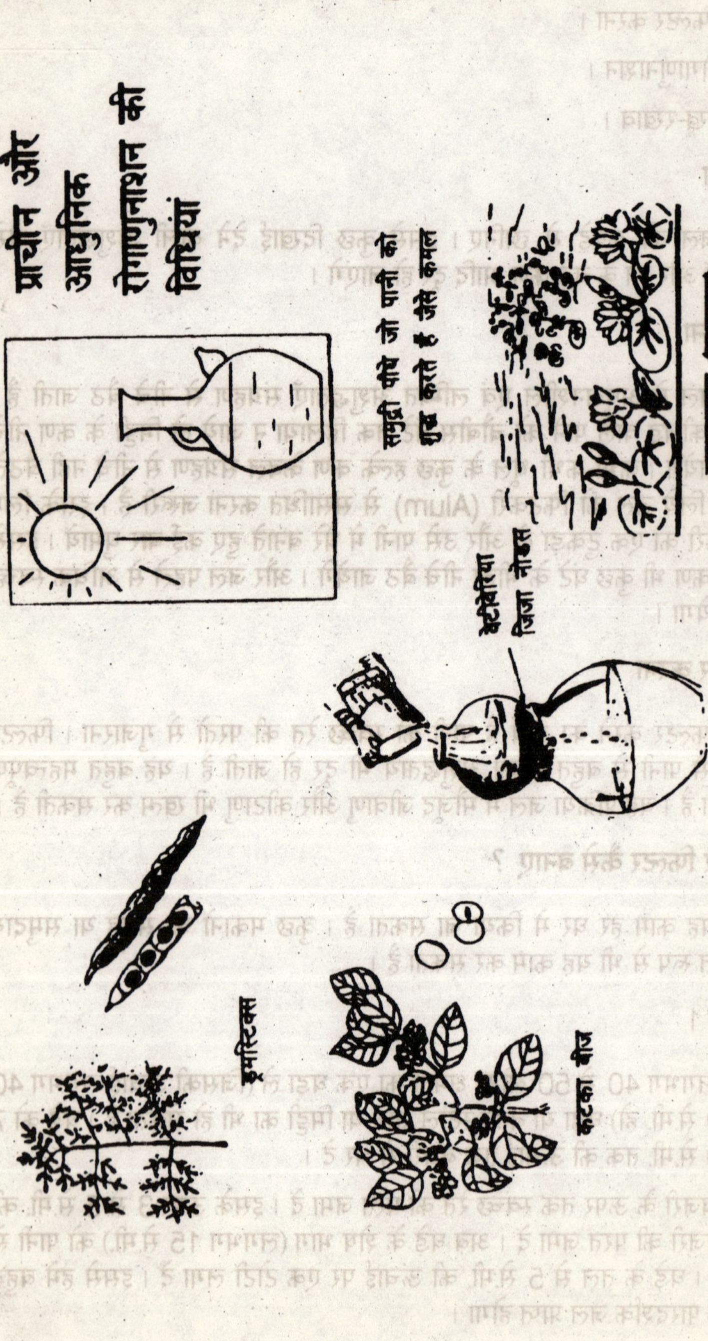
प्राचीन और आधुनिक रोगाणुनाशन की विधियां
समुद्री पौधे जो पानी को शुद्ध करते हैं जैसे कमल
वेटीवेरिया
जिजा नोडस
कुलाटामारा (मलयालम)
ड्रमस्टिक्स
कटका बीज

प्रयोग 2

यह मकानों के समूह अथवा समुदाय के लिये लाभप्रद हो सकता है।

लगभग 200 लीटर क्षमता का एक बैरल अथवा मिट्टी का घड़ा लें जिसकी ऊंचाई एक मीटर हो। तले से 10 से.मी. की ऊंचाई पर एक टोंटी फिट कर दें।घड़े के तले में 15 सेमी. की ऊंचाई तक बजरी की परत जमा दें। इसके ऊपर 30 से.मी. बड़ी स्वच्छ रेत की एक तह जमायें और इसके ऊपर 15 से.मी. की बजरी की परत जमायें। घड़े अथवा बैरल के शेष भाग (40 से.मी.) को पानी से भर दें। पानी रेत की परतों से छनेगा और हमें एकदम स्वच्छ जल प्राप्त होगा।

प्रयोग 3 दो स्तरों का फिल्टर

इस प्रक्रिया में दो घड़े इस्तेमाल किये जाते हैं। यह एक वैकल्पिक फिल्टर माध्यम है अर्थात् इसमें एक बर्तन में नारियल की भूसी प्रयोग की जाती है और दूसरे में जली हुई चावल की भूसी प्रयोग की जाती है। जल दोनों घड़ों से गुजरता है और नीचे रखे बर्तन में जमा होता रहता है। (दो स्तरों के फिल्टर में नारियल की भूसी और जली हुई चावल की भूसी के स्थान पर पहले घड़े में बजरी और दूसरे में स्वच्छ रेत इस्तेमाल किया जा सकता है।)

सेरॉमिक फिल्टर्स

व्यापारिक स्तर पर निर्मित होने वाले ये फिल्टर जल के शोधन के लिये उपयुक्त होते हैं। इस फिल्टर में पोर्सिलेन की एक 'कैंडिल' लगी होती है। जल कैंडिल से छनता है। कैंडिल में प्रायः गंदगी, धूलकण और जीवाणु जमा होकर उसके छिद्र बन्द कर देते हैंऔर उस समय चलते हुए पानी के नीचे एक सख्त ब्रश से इसे साफ करने की जरूरत होती है। कैंडिल को जीवाणु रहित करने के लिये माह में एक बार इसे पानी में उबालना जरूरी है।

घरेलू फिल्टरों की सीमाएँ

कुल मिलाकर उपरोक्त सभी फिल्टरों में अच्छी गुणवत्ता का स्वच्छ जल प्राप्त होता है। कई बार जल जीवाणु मुक्त हो जाता है, लेकिन विषाणु युक्त नहीं होता। यदि फिल्टरों का समुचित रख-रखाव न किया जाये तो जल शुद्ध नहीं हो सकता।

फिल्टर करने के बाद रोगाणु मारने के लिए कार्य करना चाहिये।

जल का रोगाणुनाशन

रोगाणुनाशन एक ऐसी प्रक्रिया है, जिससे जल के सूक्ष्म जीव मर जाते हैं। रोगाणुनाशन से पूर्व जल का संग्रहण और निस्यंदन किया जाता है। अर्थात् रोगाणुनाशन के लिये जल पारदर्शक स्वच्छ होना चाहिये। यदि जल स्वच्छ नहीं है या मटमैला है तो रोगाणुनाशन ठीक प्रकार से नहीं हो पाएगा।

रोगाणुनाशन की प्रणालियाँ

पानी को उबालकर

अगर पानी को 20 से 25 मिनट तक उबाला जाता है तो उसके सभी सूक्ष्म जीव मर जाएँगे और जल रोगाणु मुक्त हो जाएगा। लेकिन ऐसे जल को उबालने के बाद अच्छी तरह संग्रहण किया जाए। अगर ऐसे रोगाणु मुक्त जल में गंदी उंगलियाँ या गंदे बर्तन डाले जाएंगें तो यह पुनः हानिकर सूक्ष्म जीवों से दूषित हो जायेगा।

पानी का अच्छी तरह संग्रहण किया जाए और पानी निकालने के लिए लम्बे हैंडिल का एक ही बर्तन प्रयोग किया जाय।

क्लोरीकिरण द्वारा रोगाणुनाशन

इसके बारे में रासायनिक विसंक्रमण के तहत विस्तृत रूप से चर्चा की गई है।

ब्लीचिंग पाउडर आधे घंटे के अंदर कार्य करेगा, इसके बाद पानी पीने के लिए इस्तेमाल किया जा सकता है।

ब्लीचिंग पाउडर का घोल

ब्लीचिंग पाउडर का घोल तैयार किया जा सकता है और इसे समुदाय अथवा मकानों के समूह के लिए सुविधाजनक तौर पर प्रयोग करने हेतु रखा जा सकता है। घर पर ब्लीचिंग पाउडर का घोल कैसे तैयार करें? ब्लीचिंग पाउडर का 10% मूल घोल नीचे दी गई विधि से तैयार किया जा सकता है।

अच्छी क्वालिटी का 10 ग्राम ब्लीचिंग पाउडर ले इसको 100 मिली. स्वच्छ जल में मिला दे। अच्छी तरह हिलाएँ। फालतू पाउडर को नीचे बैठ जाने दें। ऊपर का साफ घोल दूसरी बोतल में भर लें। यह 10% मूल घोल है। 10 लीटर पानी के लिए मूल घोल की 3 या 4 बूंदें डालें। आधे घंटे तक प्रतीक्षा करें। पानी जीवाणु युक्त और पीने के लिए तैयार है।

जल शुद्धिकरण की प्रक्रिया को निम्न चित्र में दर्शाया गया है।

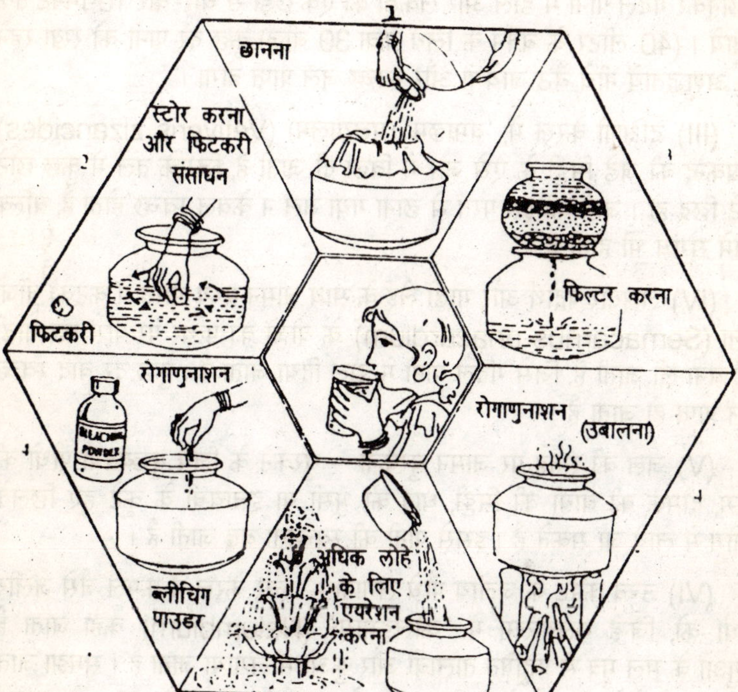

जल शोधन की परम्परागत प्रणाली

शोधन एजेंट के तौर पर बीजों का प्रयोग

(I) कटका बीजों का प्रयोग एक प्रभावकारी जामन (Coagulant) के तौर पर किया जा सकता है। कुचले हुए बीजों की गाढ़ी लेई बनायें और उसका सत्त निकाल लें। एक लीटर पानी के लिये 1.5 मिग्रा. सत्त की आवश्यकता होगी। इसके बाद जल को फिटकरी (10 से 15 मिली. प्रति लीटर) से संसाधित करें और दो घंटे तक रखा रहने दें। गंदला पानी साफ पानी में बदल जायेगा।

(II) सहिजन (Morenga olifers) के बीज भी प्रयोग किये जा सकते हैं। बीजों पर से छिलका और भूसी उतार कर सफेद गिरी को खरल में पीस लिया जाय और पाउडर को एक गिलास में पहले से शोधित थोड़े से जल में मिला लिया जाय और एक चम्मच से पांच मिनट तक उसे तेजी से चलायें। फिर उसे चाय की छलनी में छानकर गंदले पानी में डाले और लकड़ी की एक छड़ी से धीरे-धीरे 10 मिनट तक चलायें। (40 लीटर के बर्तन के लिये मात्रा 30 बीज) कुछ देर पानी को रखा रहने दें। अशुद्धतायें नीचे बैठ जायेगी और स्वच्छ जल प्राप्त होगा।

(III) दक्षिणी केरल में, 'वमाछम' (मलयालम) (Vetiveris zizancides) से प्रकन्द की जड़े मिट्टी के ऐसे जार में बिछा दी जाती है, जिसके तले में कुछ छोटे छोटे छिद्र हों। जड़ों की इस परत से छाना गया जल न केवल स्वच्छ होता है, बल्कि उसमें सुगंध भी होती है।

(IV) लेसदार पद्धार्थ और गाढ़ी लेई के साथ जामन मध्य भारत में कटका बीजों भेला (Semacarnus anacardium) के बीजों को पत्थर पर पीस कर गाढ़ी लेई बना ली जाती है, जिसे गंदले पानी में डाल दिया जाता है। कुछ देर बाद स्वच्छ जल प्राप्त हो जाता है।

(V) जल की सतह पर जामन बुरकना – बुरकने के लिये मुख्यतया पौधों की भस्म, दीमक की बांबी की मिट्टी, धान की भूसी या इलायची के कूटे हुए छिलके प्रयोग में लाये जा सकते हैं। इससे पानी की स्वच्छता बढ़ जाती है।

(VI) उच्च कोटि के जलीय पौधे लगाना – उत्तर केरल में कमल जैसे जलीय पौधों को, जिन्हें मलयालम में "कोलट्टमारा" (Nelumbium) कहा जाता है, पशुओं के मल मूत्र से प्रदूषित तालाबों और कुओं में लगाया जाता है। समझा जाता है कि इससे ऐसे जल स्रोतों से निकाला जाने वाला जल पहले से स्वच्छ हो जाता है और उसकी दुर्गन्ध व बुरा स्वाद भी समाप्त हो जाता है। तमिलनाडु में भी ऐसा ही प्रचलन है।

जल शोधक बीजों की सीमाएँ

घर में कोई भी जल शोधन के लिये जलशोधक बीजों का प्रयोग कर सकता है। लेकन इससे रोगाणुनाशन नहीं हो पाता। इसलिये पानी को पीने से पहले उसका क्लोरीनीकरण करना आवश्यक है।

जल को धूप में रखें

जल को प्लास्टिक अथवा कांच के जार में पूर्वान्ह 11 बजे से अपरान्ह 5 बजे

तक धूप में रखे धूप में मौजूद पराबंगनी किरणों से जल के लगभग सभी सूक्ष्म जीव मर जायेंगे और हमें सुरक्षित जल मिलेगा।

जल को तांबे के बर्तन में रखें

पुराने ज़माने में पानी रखने के लिये तांबे के बर्तन प्रयोग किये जाते थे। यदि हम 72 घंटे तक तांबे के बर्तन में पानी रखें तो पानी के लगभग सारे जीवाणु मर जायेंगे और हमें सुरक्षित पेय जल मिलेगा। प्रतिदिन सुरक्षित जल प्राप्त करने के लिये तांबे के तीन बर्तन प्रयोग किये जा सकते है।

पेयजल स्वच्छीकरण एवं संदूषण निवारण: जल शोधन में हम मुख्य दो बातों पर ध्यान देते हैं

(i) कठोरता का निराकरण एवं (ii) स्वच्छीकरण एवं संदूषण निवारण

(i) कठोरता का निराकरण

जो जल साबुन के साथ देर से झाग उत्पन्न करे वह कठोर जल होता है, और जो आसानी से झाग उत्पन्न करे वह मृदु जल कहलाता है। विश्व स्वास्थ्य संगठन के अनुसार यदि जल में कठोरता 1 से 3 मिली तुल्यांक प्रति लीटर हो तो इसे साधारण श्रेणी की कठोरता माना जाता है; परन्तु इससे अधिक हो तो इसका निराकरण करना ही पड़ता है। कठोरता भी दो प्रकार की होती है। अस्थायी एवं स्थायी।

अस्थायी कठोरता जल में कैल्सियम एवं मैग्नीशियम के बाइकार्बोनेटों की अधिकता से होती है। जल को उबाल कर स्वच्छ कर लेना ही सुरक्षित तरीका है। इससे उसमें जो भी रोग-क़ीटाणु होंगे वे तथा कृमियों के अंडे आदि सभी नष्ट हो जावेंगे तथा जल की अस्थाई कठोरता भी निष्कासित हो जावेगी। यदि जल गंदला है तो उसे उबालने के पहले मोटे कपड़े से छान लेना श्रेयस्कर होता है। उबले जल को वातित करके घड़े या सुराही आदि में भरकर स्वच्छ स्थान पर रखना वांछनीय होता है। कई बार जल में निलंबित पदार्थ अधिक होने से वह इतना गंदला होता है कि कपड़े से छानने पर भी साफ नहीं होता है। ऐसी स्थिति में फिटकरी 4 ग्राम प्रति गैलन की दर से मिलाकर थोड़ी देर तक पड़ा रहने देना चाहिए जिससे अधिकांश निलंबित पदार्थ नीचे बैठ जायेंगे। तब उसे कपड़े से छानकर उबाल लेना श्रेयस्कर होगा।

स्थायी कठोरता

जल के उबालने पर भी जो कठोरता शेष रह जाती है वह स्थायी कठोरता होती

है यह कैल्सियम एवं मैग्नीशियम के सल्फेट एवं क्लोराइड के कारण होती है। इसके निष्कासन के लिये हम रासायनिक पदार्थों जैसे — सोडियम कार्बोनेट एवं जियोलाइट का प्रयोग करते हैं।

(2) लौह निराकरण

लौह सबसे महत्वपूर्ण एवं मूल्यवान अवयव है जो जन जीवन एवं पेड़-पौधों के पोषण एवं स्वास्थ्य के लिये अति आवश्यक है। यह प्रकृति में विभिन्न रूपों में पाया जाता है। लोहा सभी प्रकार के कंकर, बालू, मिट्टी एवं चट्टानों में विभिन्न मात्राओं में ऑक्साइडों के रूप में पाया जाता है। वर्षा का जल अपने साथ लोहा एवं अन्य धातुओं के तत्वों को घोलकर पृथ्वी के नीचे जमा होता रहता है। अतः जब इसे पम्प से बाहर निकाला जाता है तो घुला हुआ लोहा वायु के सम्पर्क में आकर अघुलनशील या ठोस कोलायडीय आकार में उपलब्ध होता है। जल में लोहे की मात्रा होने के कारण पानी का रंग भूरा, गंदला, एवं स्वाद धातु युक्त एवं कड़वा सा रहता है। चाय बनाने पर चाय का रंग काला हो जाता है, सब्जियों को या फल आदि को धोने से भूरे रंग की सतह जम जाती है, कपड़े धोने पर उनका रंग भी भूरा सा होता है। उद्योगों में भी लोहयुक्त जल को शुद्ध करना पड़ता है, जल वितरण में भी रुकावटें आती हैं। नालियों में लौह चूर्ण धीरे-धीरे जमा हो जाता है जो घुलकर पानी में आ जाता है। हमारे देश में स्वास्थ्य मंत्रालय एवं भारतीय मानक संस्थान ने पेयजल में लौह की अनुमेय परास 0.3 मि.ग्रा./लीटर एवं अधिकतम 1.0 मि.ग्रां./लीटर रखी है। इस मात्रा से अधिक होने पर पानी का उपचार होना आवश्यक है। यह भी देखा गया है कि लौहे की मात्रा 0.2 मि.ग्रा/प्रति लीटर से अधिक होने पर लौह जीवाणु उत्पन्न हो जाते हैं।

हमारे देश के 2900 गांवों में पीने के पानी में लौह तत्त्व की अधिकता है जो कि स्वास्थ्य के लिये हानिकारक है। लौह तत्त्व के निराकरण की कई विधियाँ विद्यमान है। इसमें रासायनिक विधि अधिक प्रचलित है। लोहे के अनेक प्रकार के दोष सोडियम कार्बोनेट एवं सोडियम फास्फेट के मिश्रण से रासायनिक क्रिया द्वारा अलग किए जा सकते हैं। अघुलनशील पदार्थ अवक्षेपित होकर नीचे बैठ जाते हैं अथवा छाने जा सकते हैं। 60 लीटर की बाल्टी में 40 लीटर पानी भर लिया जाता है। (चित्र 8.1) जिसे छड़ी से 10 मिनट तक हिलाया जाता है फिर इसमें रसायन मिलाकर10 मिनट तक हिलाया जाता है तथा पानी को दो घंटे के लिये रख दिया जाता है। उसके बाद पानी को दूसरी बाल्टी में बालू के माध्यम से छाना जाता है। प्रथम बाल्टी से अघुलनशील पदार्थों को पेंदी से निकालकर बाल्टी को साफ किया जाता है। इस प्रकार छना हुआ जल लोहे से मुक्त हो जाता है।

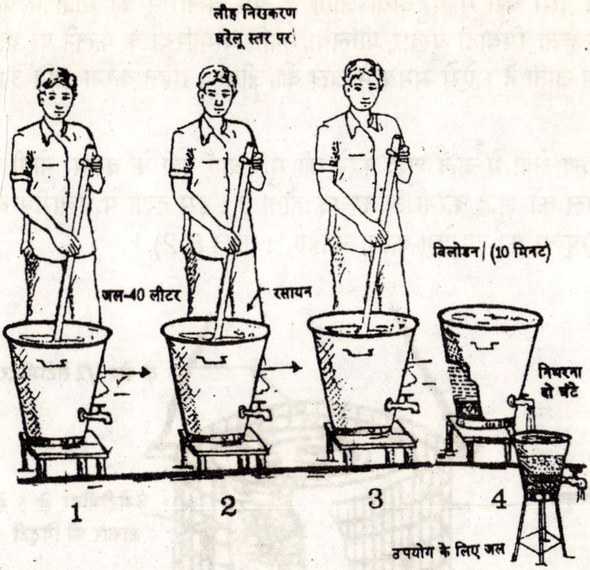

चित्र 8.1. जल में घरेलू स्तर पर लौह निराकरण

2 (अ) आर्सेनिक निराकरण

आर्सेनिक की विभीषिका से निजात पाने हेतु यूनिवर्सिटी ऑफ कनेक्टिकट के पर्यावरणीय विभाग के प्रोफेसर निकोलाओस निकोलेटिस ने रेत तथा लौह चूर्ण के मिश्रण से एक ऐसा फिल्टर बनाया है जो जल में घुले आर्सेनिक को हटाने में पूरी तरह से सक्षम है। वस्तुतः निकोलेडिस का यह फिल्टर एक ट्यूब में रेत तथा लौह चूर्ण को भरकर आसानी से बनाया जा सकता है। इस फिल्टर को कुएं में जल खींचने वाले पंप की टोंटी से फिट कर दिया जाए तो इससे होकर गुजरने वाले जल में विद्यमान आर्सेनिक को आसानी से निष्कासित किया जा सकता है। निकोलेडिस का कहना है कि इस फिल्टर से प्रयुक्त होने वाले दोनों ही संघटक अर्थात् रेत एवं लौह चूर्ण, कीमत के हिसाब से सस्ते हैं। इस फिल्टर का उपयोग उन क्षेत्रों में भी किया जा सकता है जहाँ खनन जैसे कार्यों के कारण जल में आर्सेनिक संदूषण होता है।

3. रासायनिक विसंक्रमण:-क्लोरीनीकरण

क्लोरीनीकरण के लिये छोटे पैमाने पर हम, ब्लीचिंग पाउडर या क्लोरीन की बनी गोलियों का प्रयोग करते हैं। अच्छा ताजा ब्लीचिंग पाउडर हमें 33% क्लोरीन प्राप्त कराता है। यह देखा गया है कि बड़े-बड़े नगरों में पानी को उपचारित करने के

बाद नलों द्वारा घरों में पहुँचाया जाता है और क्लोरीन की मात्रा में पर्याप्त कमी विशेषकर हैजा, मियादी बुखार, पीलिया, आदि बीमारियों के फैलने पर यह चिंता का विषय बन जाता है। ऐसे समय में जल को जीवाणु रहित करना अति आवश्यक हो जाता है।

ग्रामीण क्षेत्रों में जल शुद्ध करने की सुविधाएँ नहीं के बराबर होती है, इसलिए घरों में जल को शुद्ध करना आवश्यक होता है। इस दशा में क्लोरीन की टिकियों अथवा एग्पूल्स का उपयोग करना चाहिए। (चित्र 8.2)।

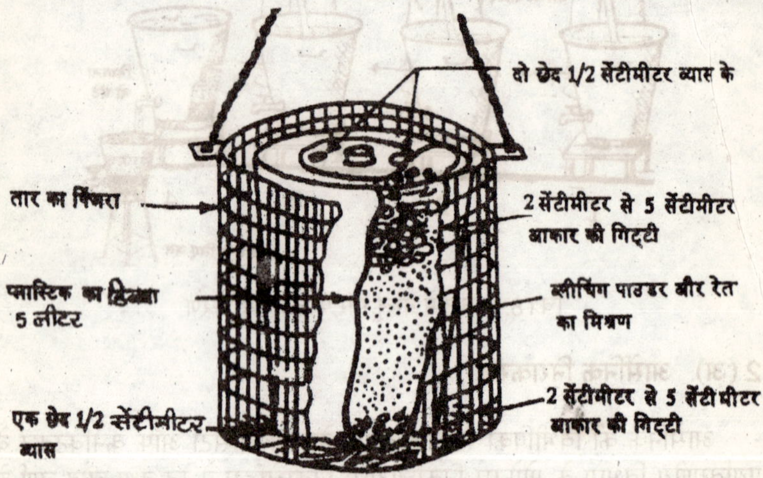

पॉट क्लोरीनेटर का विवरण

चित्र 8.2. पॉट क्लोरीनेटर

व्यावहारिक उपयोग के लिए टिकियाँ को तोड़कर बाल्टी के पानी में डाल दिया जाता है और साफ छड़ से हिलाया जाता है। लगभग आधे घंटे तक पानी को रख दिया जाता है। थोड़ी देर में क्लोरीन गैस पानी में घुल जाती है तथा रोगाणुओं को नष्ट करती है। हमारे देश में केन्द्रीय जन स्वास्थ्य संस्थान, नागपुर ने अभी हाल ही में ऐसी गोलियाँ तैयार की हैं जिनमें ब्लीचिंग पाउडर के अतिरिक्त फिटकरी, सोडियम बाइकार्बोनेट तथा टैल्क मिला होता है जिससे जल का संदूषण एवं गंदलापन भी दूर हो जाता है। एक ग्राम भार की गोली 2 गैलन जल के लिये पर्याप्त होती है।

क्लोरीन की टिकियाँ/एग्पूल्स पेयजल शुद्ध करने का सस्ता एवं सरल साधन है जिसे एक कम पढ़ा लिखा मनुष्य भी उपयोग कर सकता है। इससे जीवाणु रहित जल प्राप्त होता है। रोगाणुनाशन और स्वच्छ पारदर्शक जल उपलब्ध करने के लिये, क्लोरीन मिलाने के बाद कम से कम आधे घंटे की अवधि देना आवश्यक है। इस

प्रकार प्राप्त जल में मुक्त क्लोरीन की मात्रा प्रत्येक उपभोक्ता को 0.2 से 0.5 पी.पी.एम. तक मिलनी आवश्यक है जिससे संग्रह, भंडारण तथा वितरण के समय यदि संक्रमण हो तो उसका भी निवारण हो सके। फिल्टर गृहों पर अधिकांश रूप से क्लोरीन गैस से भरे सिलेन्डरों को ही काम में लिया जाता है। जल की क्लोरीन आवश्यकता का पता लगाकर वांछित मात्रा में क्लोरीन मिलायी जाती है। सामान्यतया निस्यन्दित जल में 0.25 पी.पी.एम. क्लोरीन की आवश्यकता होती है। जिससे ब्लीचिंग पाउडर की मात्रा में हम दस ग्राम प्रति हजार गैलन की दर से अंकित करते हैं। इस बात का विशेष ध्यान रखा जाता है कि जल में 0.2 पी.पी.एम. अवशिष्ट क्लोरीन लगभग आधा घंटा तक बनी रहे, जिससे उसका इतने समय तक प्रभाव बना रहे एवं सभी रोग कीटाणु नष्ट हो सके तथा जल वितरण के समय नलों में यदि संदूषण की कोई संभावना हो तो उसका प्रतिकार हो सके। जल जन्य रोगों के फैलने की कोई संभावना होने पर अतिरिक्त क्लोरीन मिलायी जाती है जिसे अतिक्लोरीनीकरण कहते हैं। ऐसे समय में क्लोरीन गैस की गंध को मिटाने हेतु सल्फर डाइ ऑक्साइड का प्रयोग किया जाता है। क्लोरीनीकरण की प्रक्रिया समुचित हुई या नहीं, इसकी जांच के लिये जल के नमूने लिये जाते हैं विशेषकर, वितरण स्थलों से और उनका आर्थोटाल्यूडिन से परीक्षण करके अवशिष्ट क्लोरीन की मात्रा का पता लगाया जाता है।

कुओं, तालाबों आदि का क्लोरीनीकरण

कुंओं, तालाबों, बावड़ियों अथवा अन्य जल स्त्रोतों या संग्रहालयों के जल का क्लोरीनीकरण सामान्यतया ब्लीचिंग पाउडर से ही करते हैं। ब्लीचिंग पाउडर 10 प्रतिशत ग्राम प्रति हजार गैलन की दर से मिलाते हैं, बशर्ते है, ब्लीचिंग पाउडर ताजा हो, 33 प्रतिशत क्लोरीन प्राप्त कराता हो और जल अत्यधिक दूषित न हो अर्थात् उसमें अधिक कार्बनिक पदार्थ निलंबित अवस्था में न हों। यदि हो तो हमें इसकी मात्रा चौगुनी या उससे भी अधिक करनी पड़ती है। कुएँ के जल का अनुमान हम $D^2 \times W \times 5$ = गैलन के सूत्र से लगा पाते हैं। वे तालाब, बावड़ी, हौज आदि जो समकोण या आयताकार होते हैं, उनके जल का अनुमान $L \times B \times D \times 6.25$ = गैलन के हिसाब से लगाते हैं। जिसमें L = लम्बाई, B = चौडाई एवं D = जल की गहराई फुट में नापते हैं।

हमारे देश में नागपुर के अनुसंधान संस्थान ने कुओं के जल को शुद्ध करने के लिये एक सरल एवं निरंतर शुद्धिकरण की विधि विकसित की है। इस विधि में प्लास्टिक का एक ढक्कन लगा हुआ बर्तन लिया जाता है। इसमें लगभग 5 सेंटीमीटर मोटाई के कंकर 20-25 सेंटीमीटर ऊंचाई तक भर दिए जाते हैं। इस

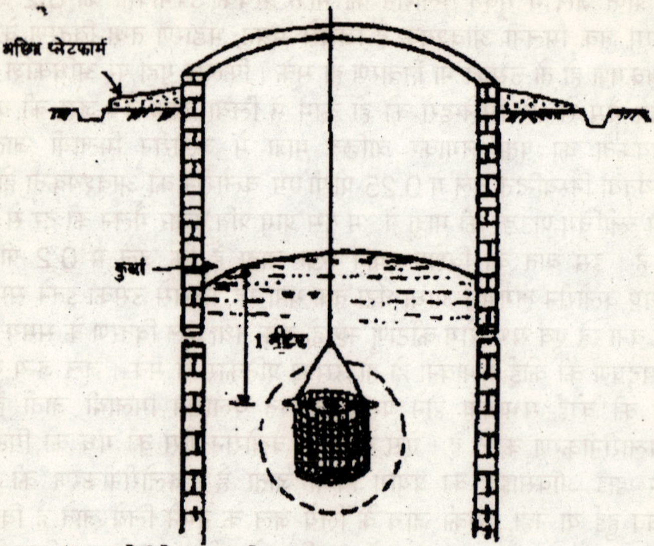

पॉट क्लोरीनेटर टांगने की विधि दिखाने वाला कुएं का छेद

चित्र 8.3 कुओं में क्लोरीनीकरण

सतह के ऊपर ब्लीचिंग पाउडर एवं बालू (1:4 के अनुपात) में भर दिए जाते हैं। इसे ढक्कन से बंद कर दिया जाता है। ढक्कन में दो 0.5 सेंटीमीटर गोलाई के छेद कर दिए जाते हैं। अब इस बर्तन को मजबूत जाली के पिंजरे में रखकर कुएँ के मध्य भाग में रस्सी या चैन द्वारा लटका दिया जाता है। जिससे बर्तन पानी की सतह के एक मीटर नीचे तक डूबा रहे। ब्लीचिंग पाउडर पर जल की प्रक्रिया से क्लोरीन धीरे-धीरे निकलती रहती है। जल के साथ क्लोरीन की क्रिया से हाइपोक्लोरस अम्ल तथा हाइड्रोक्लोरिक अम्ल बनते हैं।

$$Cl_2 + H_2O \rightarrow \underset{\text{हाइपोक्लोरस अम्ल}}{HOCl} + Cl^- + H^+$$

इनमें से हाइपोक्लोरस अम्ल ही विसंक्रमण तथा ऑक्सीकरण के लिये जिम्मेदार है। कार्बनिक पदार्थ, अमोनिया तथा जल में उपस्थित लोहा या हाइड्रोजन सल्फाइड का ऑक्सीकरण होता है।

यह विधि सरल एवं सस्ती है। इसमें किसी बड़े संयंत्र की आवश्यकता नहीं पड़ती है। गांवों में रहने वाले व्यक्ति स्वयं इसका उपयोग कर सकते हैं तथा उन्हें कम लागत पर शुद्ध पेयजल प्राप्त होता है। निरंतर उपयोग करने से प्रदूषण रहित

जल प्राप्त होता रहता है। इस विधि से नियंत्रित मात्रा में क्लोरीन जल में मिलती है एवं यह विधि देश के कई भागों में प्रचलित हैं। बर्तन एवं पिंजरे की लागत 25-30 रूपये आती है तथा प्रति परिवार 10-15 रूपये वार्षिक खर्च आता है।

क्लोरीनीकरण अधिकांशतः रात्रि के समय करते है जिससे प्रातःकाल तक उसका जल पर अच्छा असर हो जांय और क्लोरीन की गंध भी शेष न रहे। बड़े तालाबों में क्लोरीनीकरण के लिये ब्लीचिंग पाउडर को मलमल के कपड़े में बांधकर पोटली बना लेते है और इस पोटली को एक लंबे बांस के सिरे पर बांध कर तालाब के किनारे-किनारे लगभग 10'-12' की दूरी तक जल में घुमा देते हैं।

4. पराबैंगनी किरणों से उपचार

पराबैंगनी किरणें जीवाणुओं को नष्ट करने में समर्थ हैं। स्वच्छ जल की पतली परत को इन किरणों से उपचारित किया जाता है। कम तीव्रतावाली किरणों से 24 घंटे तक क्रिया करानी पड़ती है। किंतु अधिक तीव्रता होने पर यह समय कम किया जा सकता है। एक फ्यूज्ड क्वार्ट्ज लैंप, जिसमें पारद वाष्प रहता है, से विद्युत धारा प्रवाहित करके पराबैंगनी किरणें उत्पन्न की जाती हैं। इस उपचार का लाभ यही है कि जल में कोई बुरी गंध या बुरा स्वाद नहीं आ पाता और समय भी कम लगता है।

सौर भमका

हमारे देश के बहुत से भागों में लवणीय जल पाया जाता है। संभवतः खनिज लवण भूमि के अंदर निथारने की क्रिया से जल में मिश्रित हो जाते हैं। ऐसे क्षेत्रों में लोग दूर-दूर से अलवणीय जल कुओं एवं अन्य स्त्रोतों से लाते हैं। हमारे देश के केन्द्रीय नमक एवं समुद्री रसायन अनुसंधान संस्थान, भावनगर ने सौर भभके का विकास करके इस दिशा में सराहनीय कार्य किया है एवं बहुत से संयंत्र गुजरात में स्थापित किये हैं। इस संयंत्र में खारा या समुद्र का जल सौर भभके के कक्ष में 5 से.मी. गहराई तक भरा जाता है। सूर्य की किरणें पानी पर पड़ने से पानी गर्म होकर वाष्प के रूप में कांच के ढक्कन के अंदर की ओर एकत्रित होता है जो बूंद-बूंद बनकर कांच के किनारे नली में एकत्रित होता है। प्रतिदिन 20-30 लीटर जल एक वर्गमीटर कांच के क्षेत्रफल से प्राप्त होता है। जल की आवश्यकताओं के आधार पर भभके का अभिकल्प तैयार किया जाता है। हमारे देश में 100 से 80,000 लीटर क्षमता के भभके स्थापित किए गये हैं। इस संयंत्र की लागत 350 रुपये प्रति वर्गमीटर कांच अथवा 1.20 रूपये प्रति लीटर जल के अनुसार आती है (चित्र. 8.4) इस विधि द्वारा लवणीय जल को भी पीने लायक बनाया जा सकता है। ये भभके सुदूर क्षेत्र में भी स्थापित किए जा सकते हैं तथा इनका रख-रखाव भी सरल है।

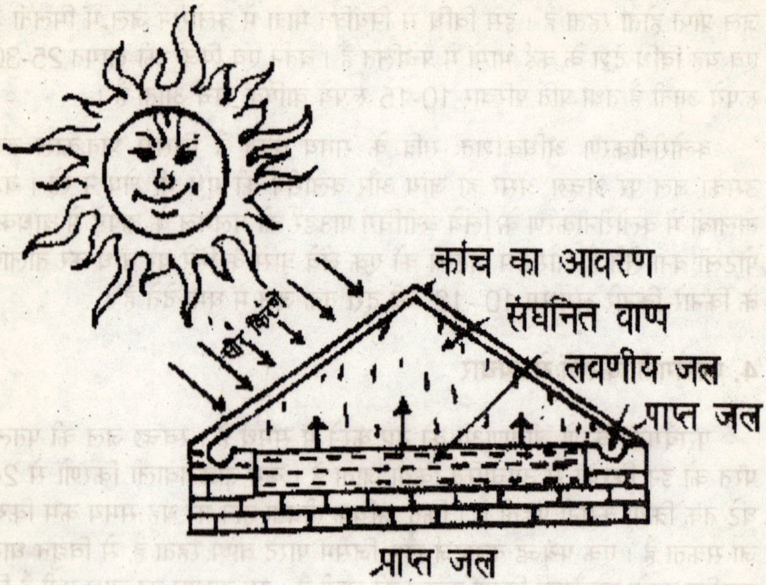

चित्र 8.4 सौर भभका

(5) फ्लोराइड निराकरण

फ्लोराइड का एक मि.ग्रा. प्रतिलीटर की मात्रा में जल में पाया जाना उपादेय हो सकता है। किन्तु इससे अधिक मात्रा दांतों एवं हड्डियों को नुकसान पहुँचाती है। इस संबंध में राष्ट्रीय पर्यावरण अभियांत्रिकी अनुसंधान संस्थान, नागपुर ने जल से फ्लोराइड की अधिक मात्रा को दूर करने के लिये एक सरल विधि विकसित की है जिसे नालगोंडा विधि के नाम से जाना जाता है। वस्तुतः फ्लोराइड कम करने की घरेलू स्तर पर तीन विधियाँ प्रचलित हैं।

(i) नालगोंडा विधि (फिटकरी आधारित)

(ii) नालगोंडा विधि (पॉली एलुमिनियम क्लोराइड आधारित)

(iii) घरेलू एक्टीवेटेड एल्यूमिना आधारित फिल्टर

(i) फिटकरी आधारित नालगोंडा विधि

इस विधि में कुएँ अथवा नल से पानी, 20-60 लीटर क्षमता वाले प्लास्टिक के बर्तन में भर लिया जाता है। जिसकी तली में 3-5 से.मी. ऊँचाई पर एक टोंटी पानी बाहर निकालने के लिये लगी होनी चाहिए। इस पानी में क्षारीयता को ध्यान में रखते

हुए उचित मात्रा में चूना एवं फिटकरी मिलायी जाती है, तथा कुछ देर बाद इस घोल में चुटकी भर ब्लीचिंग पाउडर डालकर फिर इसे डंडे से हिलाया जाता है। तथा लगभग एक घंटा पश्चात् बर्तन की ऊपरी सतह से पानी निथार कर दूसरे बर्तन में भर लिया जाता है। अशुद्धियों को, जो नीचे बैठ जाती है, टोंटी द्वारा बाहर निकाल दिया जाता हैं। इस प्रक्रिया से शुद्ध किया हुआ जल पीने के लिये उपयुक्त होता है। एक घन मीटर पानी के लिये 400 मि.ग्रा. चूना एवं इतनी ही फिटकरी 3 मि.ग्रा. प्रति लीटर फ्लोराइड के लिए पर्याप्त पाई गई है जिसका मूल्य 30 पैसे आता है। 6 मि.ग्रा. प्रतिलीटर फ्लोराइड के लिए लागत 63 पैसे आती है। दस लीटर प्रति व्यक्ति के आधार पर 6 सदस्यों के परिवार को वर्ष भर पानी शुद्ध करने के लिये 10-15 रुपये खर्च करने पड़ते हैं। इस विधि का इस समय उपयोग देश के बहुत से राज्यों में हो रहा है क्योंकि यह विधि कम खर्चीली, सुविधाजनक तथा इसमें उपयोग में आने वाले रसायन सरलता से उपलब्ध हो जाते हैं। इस विधि में किसी विशेष संयंत्र की भी आवश्यकता नहीं पड़ती है। (चित्र 8.5)

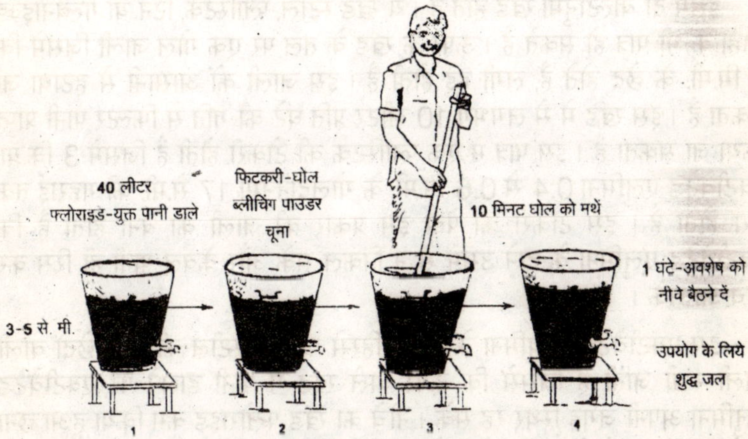

चित्र 8.5 फ्लोराइड शुद्धिकरण की घरेलू विधि

(ii) पॉली एलुमिनियम क्लोराइड आधारित नालगोंडा विधि

यह विधि भी अधिक सरल है तथा इसके भी अच्छे परिणाम प्राप्त होते है। इस विधि में लगभग 40 लीटर क्षमता की एक बाल्टी जिसके तल से लगभग 7-10 से.मी. ऊपर एक टोंटी लगी हुई हो, काम में ली जाती है तथा 1000 ग्राम पी.ए.सी. पाउडर (30% एलुमिना) को 10 लीटर पानी में घोलकर किसी साफ जेरीकन में भरकर ढक्कन लगा दिया जाता है। इसमें लगभग 160 मि.ग्रा. या चुटकी भर ताजा ब्लीचिंग पाउडर पानी को कीटाणुयुक्त करने के लिये मिलाया जाता है।

विधि

एक बड़ी बाल्टी में 40 लीटर पर एक निशान लगा कर उसमें फ्लोराइड की अधिक मात्रा वाला जल निशान तक भर लेवें। इस जल में चुटकी भर ब्लीचिंग पाउडर मिला देवें। इस परीक्षण जल में उपलब्ध-. फ्लोराइड और क्षारीयता को ज्ञात कर निर्धारित मात्रा में पॉली एलुमिनियम क्लोराइड (पी.ए.सी.) के घोल को मिलाकर तुरन्त एक मिनट तेज एवं दस मिनट तक किसी छड़ की सहायता से धीरे-धीरे हिलावें। इसके पश्चात् 15 मिनट तक इस घोल को शांत अवस्था में छोड़ दें। तत्पश्चात् निथरे जल को बिना बाल्टी हिलाये। इस जल को टोंटी के द्वारा बाहर निकाल कर भोजन बनाने तथा पीने के काम में ले सकते हैं। बाहर लिए गए जल में फ्लोराइड की मात्रा स्वीकार्य परास में ही होती है।

(iii) घरेलू एक्टीवेटेड एलुमिना आधारित फिल्टर

इसमें दो बाल्टीनुमा खंड होते हैं। ये खंड स्टील, प्लास्टिक, टिन या गेल्वेनाइज्ड लोहा के भी पात्र हो सकते हैं। ऊपर के खंड के तल पर एक गोल जाली जिसमें कि 2 मि.मी. के छेद होते हैं, लगी हुई होती है। इस जाली को आसानी से हटाया जा सकता है। इस खंड में से लगभग 10 लीटर प्रति घंटे की गति से फिल्टर पानी प्राप्त किया जा सकता है। इस पात्र में एक प्लास्टिक की टोकरी होती है जिसमें 3 कि.ग्रा. एक्टीवेटेड एलुमिना 0.4 से 0.6 मि.मी. के गोलदानेनुमा 17 से.मी. की गहराई तक भरा होता है। इस टोकरी का पेंदा इस प्रकार की जाली का बना होता है कि एक्टीवेटेड एलुमिना के दाने उसमें से न निकल सकें और केवल पानी ही रिस कर नीचे आ सकें।

इस एक्टीवेटेड एल्युमिना के ऊपरी हिस्से पर एक स्टील की गोल छेदों वाली जाली रखी ज़ाती है जिससे कि ऊपर वाले खंड में पानी डालने पर एक्टीवेटेड एलुमिना अपनी जगह स्थिर रह सके। नीचे का खंड फ्लोराइड कम किया हुआ छना पानी एकत्रित करने में प्रयुक्त होता है। इसमें पानी बाहर लेने के लिए एक टोंटी लगी होती है। नीचे वाला यह खंड गर्मी में पानी ठंडा रखने के लिए मिट्टी का साधारण मटका भी हो सकता है। ऊपर वाले पात्र में अधिक फ्लोराइड वाला पानी भर लेते हैं। पानी लगभग 5 लीटर प्रति आधा घंटे की गति से छनकर नीचे वाले पात्र में एकत्रित होता रहता है। छने हुए पानी में फ्लोराइड निर्धारित मापदंड की सीमा में होता है।

पान मसाला एवं फ्लोरोसिस

हमारे देश पर्यावरण मंत्रालय के तत्वावधान में किए गए सर्वेक्षण के आधार पर यह पाया गया है कि उत्तरी भारत में प्रचलित तम्बाकू में 3.8-19.20 पी.पी.एम.

अर्थात् भाग प्रति दस लाख भाग (मि.ली. ग्राम/लीटर) घुलनशील फ्लोराइड होता है तथा कुल फ्लोराइड 110-290 भाग प्रति दस लाख भाग तक पाया जाता है। इसी प्रकार बिना तम्बाकू वाले पान मसाला में घुलनशील फ्लोराइड 5.77-17.15 भाग प्रति दस लाख भाग तक तथा कुल फ्लोराइड 176-264 भाग प्रति दस लाख भाग होता है। तम्बाकू युक्त पान मसालों में 6.58-11.0 भाग प्रति दस लाख भाग घुलनशील फ्लोराइड तथा 143-280 भाग प्रति दस लाख भाग कुल फ्लोराइड होता है। शरीर में अवशोषण के लिए साधारणतया जल में घुलनशील फ्लोराइड ही महत्वपूर्ण होता है। सामान्यतया लती व्यक्ति एक दिन में 4-5 पैकेट गुटखा खा जाते हैं। अतः उनके शरीर में प्रतिदिन 1 मि.ग्रा. फ्लोराइड केवल इस माध्यम से पहुंचता है। चूंकि फ्लोराइड पेयजल तथा अन्य खाद्य सामग्रीयों में भी विद्यमान रहता है। अतः पान गुटखा आदि के जरिए ली गई फ्लोराइड की अतिरिक्त मात्रा शरीर के लिए घातक सिद्ध हो सकती है।

फ्लोरोसीस रोग से निजात पाने हेतु खाद्य पदार्थों के सेवन में भी सावधानी बरतनी चाहिए (चित्र 8.6 अ एवं ब)।

पानी छानने की कंडिका

कच्चे पानी में ऐसी गंदगी और जीवाणु मिले होते हैं जो पानी में तैरते रहते हैं तथा हैजा, टाइफाइड व पीलिया जैसे पानी से होने वाले रोगों का कारण बनते हैं। पानी को पीने के लिये सुरक्षित बनाने की प्रक्रिया में इन जीवाणुओं और गंदगियों को दूर करना सम्मिलित है। इस काम के लिये अब तक प्रयुक्त सबसे अधिक जाना पहचाना तरीका पानी को रेत-बजरी और कोयले के छननों में से छानना है। ऐसा करने से पानी में घुली गंदगी दूर हो जाती है जिसके बाद इसे उबाल कर जीवाणुओं को मार दिया जाता है और पीने के लिये पानी को सुरक्षित कर लिया जाता है। यद्यपि यह तरीका सहज है परन्तु महंगा एवं अधिक समय लेने वाला है।

हमारे वैज्ञानिकों ने पानी के उपचार को सरल बनाने के लिये पानी छानने की एक कंडिका जो सिरेमिक की बनी होती है, विकसित (चित्र 8.7) की गई है।यह पानी को छान कर साफ कर देती है। यह कंडिका लगभग एक वर्ष तक कुशलतापूर्वक काम करती है।

इन कंडिकाओं को उत्पादित करने के तरीके में चीनी मिट्टी, ऊष्मारोधित ईट, चूरा, क्वाट्र्ज, फेल्सपार जैसे गैर प्लास्टिक पदार्थों को पीस कर कुछ कार्बनिक पदार्थों को मिलाकर सांचों में ढाला जाता है। इन्हें पहले धूप में सुखाया जाता है तथा फिर एक उपयुक्त भट्टी में पकाया जाता है। इसके पश्चात् दोष परीक्षण के लिये जांचा जाता है और फिर टोपी या प्लास्टिक की घुंडिया इनमें लगा दी जाती है।

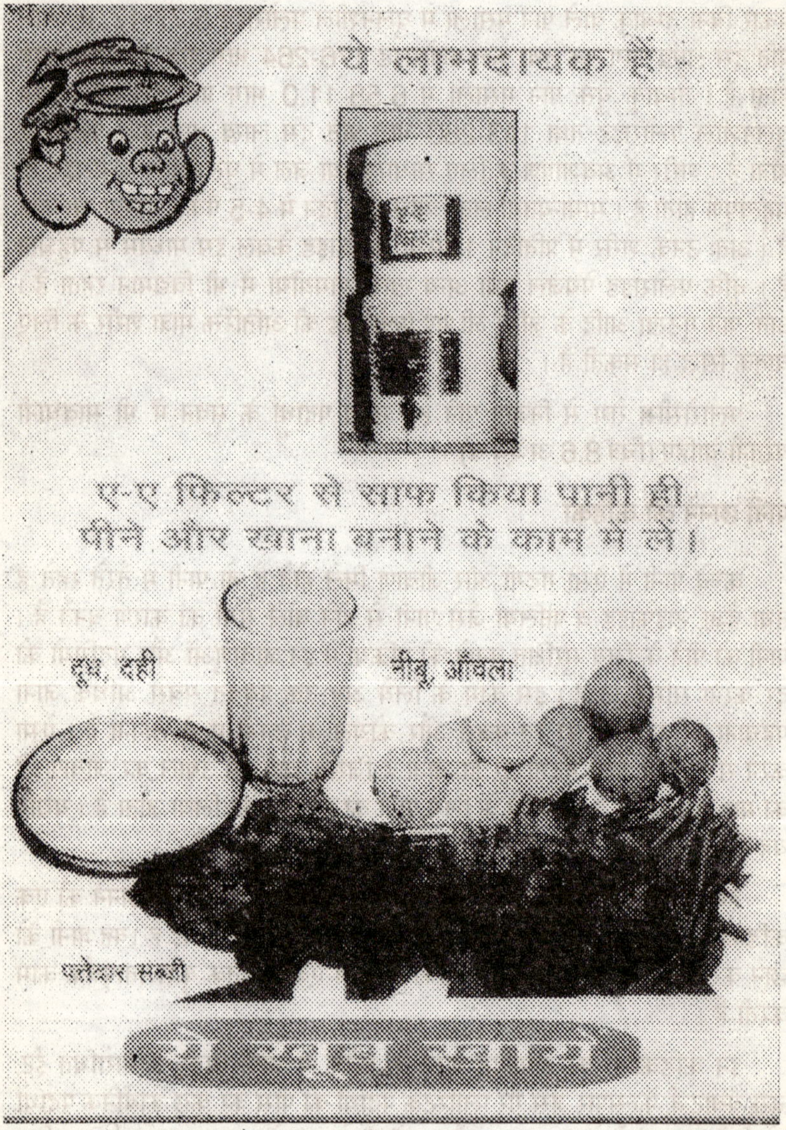

चित्र 8.6. (अ) फ्लोरोसिस से बचने के उपाय

चित्र 8.6. (ब) फ्लोरोसिस से बचने के उपाय

चित्र 8.7 पानी छानने की कंडिकाएँ

6. लवणीयता निवारण

हमारे देश के जल में लवणीयता की भी विकट समस्या है। इसके कारण जल पीने योग्य नहीं रहता है। देश के वैज्ञानिकों ने इस दिशा में महत्वपूर्ण कार्य किया है तथा दो विधियाँ विकसित की है।

(i) विद्युत अपोहन

विद्युत अपोहन (Electrodialysis) एक नई विधि है जिसमें धनायन (Cation) एवं ऋणायन (Anion) आदान-प्रदान में झिल्लियों का उपयोग होता है। मापन झिल्लियों में निराली पर्मसेलेक्टीविटी एवं विद्युत चालकता की गुणवत्ता होती है। पर्मसेलेक्टीविटी का तात्पर्य है कि धनायन विनिमय झिल्ली मात्र धनायन को ही पार जाने देती है इसमें से ऋणायन लगभग नहीं के बराबर ही छन कर जा पाते हैं। इसी प्रकार ऋणायन विनिमय झिल्ली मात्र ऋणायन को ही उस पार जाने देती है।

इसी विधि में धनायन एवं ऋणायन वाली झिल्ली को एक के बाद एक दो इलेक्ट्रोड के बीच में रखते हैं। गैस्केट एवं स्पेसर्स द्वारा पतले कक्ष बना देते हैं जो विद्युत कुचालक प्लास्टिक सामग्री से बनती है। लवणयुक्त जल साफ करना हो तो जल को कई धाराओं में विभाजित कर एक के बाद एक कक्षों में प्रवाहित किया जाता है। विद्युदग्र (इलेक्ट्रोड कम्पार्टमेंट) को अलग-अलग जल से साफ करते हैं ताकि एकत्रित लवण अलग किये जा सकें। जब संयंत्र में डी.सी. विद्युत प्रवाहित की जाती है तो घोल में आयन विपरीत ध्रुवता के इलेक्ट्रोड की तरफ एकत्रित होते हैं परन्तु धनायन एवं ऋणायन झिल्लियों के कारण (एक के बाद एक) कक्षों में नमक की मात्रा कम होती जाती है। इस विधि को लगातार चलाया जा सकता है। अधिक लवण युक्त एवं कम लवण युक्त घोल को निरंतर बाहर निकालते रहते हैं। (चित्र 8.8)

केन्द्रीय नमक एवं समुद्री रसायन अनुसंधान संस्थान, भावनगर द्वारा विकसित पोलीथीन एवं स्टाइरीन से निर्मित इंटर-पॉलीमर झिल्ली द्वारा अधिक दक्षता एवं कम विद्युत लागत से लवण युक्त पानी से पीने लायक पानी प्राप्त किया जा सकता है।

(ii) विपरीत परासरण

परासरण प्रक्रिया का जीवविज्ञान एवं कोलायडी रासायनिकी में महत्वपूर्ण स्थान

चित्र 8.8. लवणयुक्त जल को साफ करने का विद्युत अपोहन संयंत्र

है जिसमें घोलक विपरीत दिशा में बहना शुरू हो जाता है। इस विधि में प्रयुक्त होने वाली झिल्ली अर्ध पारगम्य प्रकार की होती है। इस प्रकार लवणयुक्त जल इस विशेष झिल्ली द्वारा दबाव के अंतर्गत छनकर लवण रहित हो जाता है।

विपरीत परासरण विधि की विशेषता इसमें प्रयुक्त होने वाली झिल्ली पर मुख्यतः आधारित है जो सेल्यूलोज एसीटेट से बनती है और साधारणतः प्रयुक्त होती है। मात्र थोड़े से ही लवण भी इससे दूर हो जाते हैं। इस विधि से अशुद्ध जल से साफ जल प्राप्त होता है जो पीने के पानी की निर्धारित सीमा के अंतर्गत होता है। इसके अतिरिक्त इस विधि से जल से रोगाणु भी अलग हो जाते हैं।

केन्द्रीय नमक एवं समुद्री रसायन अनुसंधान संस्थान ने 10,000 लीटर प्रतिदिन क्षमता तक के संयंत्र विकसित किए हैं। इनका परीक्षण गुजरात एवं आन्ध्र प्रदेश में किया गया है। ये संयंत्र 450 पौंड प्रतिवर्ग इंच दबाव पर कार्य करते हैं। इस संयंत्र से लवणयुक्त जल से 85 प्रतिशत लवण अलग किए जा सकते हैं। यद्यपि इस विधि का विकास जल को लवण रहित करने के लिये किया गया है। परन्तु इस विधि का उपयोग पतली एवं गाढ़ी तरल धाराओं को अलग करने के लिये भी किया जाता है। घोल के अंतर्गत जल को लवणरहित करना, जल को हल्का करना, विशुद्ध जल तैयार करना, जल को प्रदूषण मुक्त करना आदि शामिल हैं।

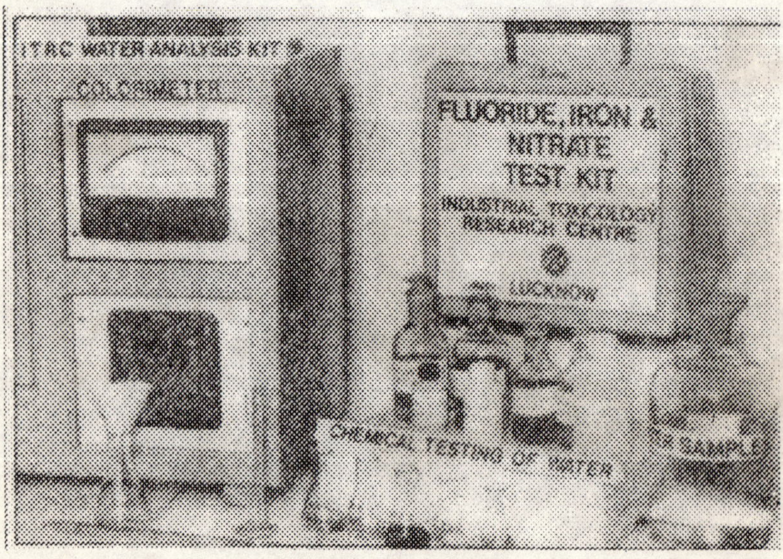

चित्र 8.9. जल परीक्षण किट

जल समस्या एवं वैज्ञानिक अनुसंधान

हमारे देश के विभिन्न अनुसंधान संस्थानों में कार्यरत प्रबुद्ध वैज्ञानिक जल संबंधी समस्याओं के निराकरण हेतु सतत् प्रयत्नशील है। पानी के भूमिगत स्रोत खोजने के लिये राष्ट्रीय भू-भौतिकी अनुसंधान संस्थान, हैदराबाद ने भू-प्रतिरोधकता को आधार मानकर एक तकनीक विकसित की है। पानी की गुणवत्ता के परीक्षण के लिये औद्योगिक विष विज्ञान अनुसंधान केन्द्र, लखनऊ ने एक सुग्राह्य जल विश्लेषण किट (चित्र 8.9) बनाया है। इसमें कैलोरीमीटर, रासायनिक अनुमापन किट तथा जीवाण्वीय विश्लेषण हेतु ऊष्मायित्र (Incubator) होते हैं। राष्ट्रीय पर्यावरण अभियांत्रिकी अनुसंधान संस्थान, नागपुर ने क्लोरोस्कोप नामक उपकरण क्लोरीन के परीक्षण हेतु बनाया है। संस्थान ने पानी में रोगाणुओं का तत्काल पता लगाने के लिये भी एक किट तैयार किया है। पानी में अम्लीयता या क्षारीयता का परीक्षण करने हेतु केन्द्रीय वैज्ञानिक उपकरण संगठन, चंडीगढ़ ने बैटरी चालित छोटा पी.एच. मापक बनाया है। केन्द्रीय लवण एवं समुद्री रसायन अनुसंधान संस्थान भावनगर ने भी जल के निर्लवणीकरण की दिशा में महत्वपूर्ण कार्य किया है।

तेज गति से चलती वायु बहुत सा पानी उड़ाकर ले जाती है। इसे बचाने के लिये राष्ट्रीय रासायनिक प्रयोगशाला, पुणे ने एल्कॉक्सी एथेनॉल नामक यौगिक बनाए हैं, जो पानी में मिला देने पर वाष्पन की दर कम करते हैं। संरचना अभियांत्रिकी अनुसंधान कैन्द्र, गाजियाबाद ने वर्षा के जल को एकत्रित करने के लिये फैरोसीमेंट की टंकियों का डिजाइन विकसित किया है। इसी प्रकार केन्द्रीय यांत्रिक अभियांत्रिकी अनुसंधान संस्थान, दुर्गापुर ने बेहतर हैण्ड पम्प बनाए हैं जिनकी लागत एवं रख-रखाव बहुत कग है।

पर्यावरणीय स्वच्छता

पानी की गुणवत्ता पर्यावरणीय स्वच्छता पर निर्भर करती है। स्वच्छता जीवन - पद्धति का एक अंग है। आसपास का साफ माहौल, साफ घर, साफ खेत, साफ व्यापार, साप पास-पड़ौस और साफ समुदाय से ही पर्यावरण स्वच्छता बनती है, हमें अपने भोजन का भी ध्यान करना है। हमारी गंदी आदतों, मक्खियों इत्यादि से भोजन दूषित नहीं होना चाहिये।

पर्यावरणीय स्वच्छता में अधोलिखित बातें शामिल हैं

व्यक्तिगत, पारिवारिक और सामुदायिक स्वच्छता।

जल स्त्रोतों की पर्याबरणीय स्वच्छता।

व्यक्तिगत स्वच्छता का संबंध हमारे शरीर है। इसमें दांतों की देखभाल, साबुन अथवा राख से हाथों को धोना, शौचालयों का प्रयोग करना एवं साफ कपड़े पहनना आदि शामिल है।

पारिवारिक स्वच्छता में घर की और आसपास की सफाई, मक्खियों को अपना भोजन दूषित न करने दें, भोजन को हमेशा ढ़क कर रखें आदि बातें शामिल है।

- सामुदायिक स्वच्छता
- कूड़े के गड्ढों और सोकपिट का प्रयोग करें।
- मक्खियों और मच्छरों से बचाव करें।
- खुली जगह पर मल मूत्र न त्यागें।
- सार्वजनिक नलके की समुचित देखभाल करें आदि।

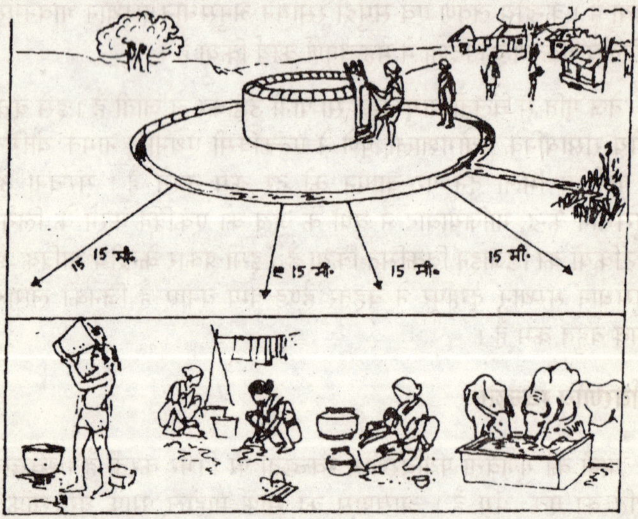

पर्यावरणीय स्वच्छता प्रणालियाँ - शौचालय, मूत्रालय, बायोगैस, धूमरहित, चूल्हा, किचना गार्डन आदि। कूड़े कचरे की इस तरह व्यवस्था करें कि उससे जल स्त्रोत दूषित न हों। जैव - निम्नीकृत (Biodegradable) कूड़ा-कचरा-मनुष्यों और जानवरों का मल मूत्र और पौधे खाद व उर्वरक में परिवर्तित हो जाते हैं। अन्य कूड़ा करकट जैसे प्लास्टिक, आयरन, ग्लास, रसायन आदि का निपटान पृथक रूप से किया जाय और उन्हें समुचित स्थानों पर डाल दिया जाए।

अध्याय 9

जल एक औषधि

जल जिसे हम असाधारण सी चीज मानते हैं किन्तु उसके असाधारण गुणों को नहीं जानते। उसमें ऐसे चमत्कारिक औषधीय गुण विद्यमान है कि उनका उपयोग करके हम कई गंभीर और जटिल रोगों से भी मुक्त हो सकते हैं। यह सर्व विदित तथ्य है कि शरीर के शुद्धिकरण के लिये जल आवश्यक है। इसके अभाव में विजातिय तत्त्व शरीर में घर बना लेते हैं जिसके परिणामस्वरूप हम रोगग्रस्त हो जाते हैं। आंतों की सफाई के लिए समुचित मात्रा में जल का सेवन करना नितांत आवश्यक है। इससे खाए गए पोषक तत्त्वों का अवशोषण होता है।

जल सभी रोगों का इलाज हैं। यहाँ तक कि यह आनुवंशिक (Hereditary) रोगों को भी नष्ट करता है। जल के विविध गुणों का वर्णन करते हुए कहा गया है कि हिमालय से निकलने वाली नदियों का जल विशेष लाभकारी है, हृदय के रोगों में भी इसका प्रयोग करना चाहिए (अथर्व. 6.24.1) बहता हुआ जल शुद्ध और गुणकारी होता है। यह मनुष्य को शक्ति और गति देता है। जल बलवर्द्धक होता है और शरीर को सुन्दरता प्रदान करता है (अथर्व 1.5.1)

गहराई से निकाला हुआ जल अत्युत्तम होता है। चिकित्सा के लिये यह सर्वोत्तम एवं संजीवनी शक्ति है। अथर्ववेद में शरीरविज्ञान की दृष्टि से एक महत्वपूर्ण बात कही गई है कि शरीर में आठ प्रकार के जल हैं अर्थात् शरीर की सात धातुएँ एवं गर्भ अर्थात् रस, रक्त, मांस, मेदा, अस्थि, मज्जा, वीर्य और गर्भ ये सभी जल के विभिन्न रूप है (अथर्व. 11.8.29 से 32)।

पीने के पानी के संबंध में बहुत सी बातें ध्यान देने योग्य होती है। सर्वप्रथम तो जल छना हुआ, पूर्णतः शुद्ध होना चाहिए। पानी को एकदम से पेट में नहीं उडेलना चाहिए, वरन् उसे घूंट-घूंट इस तरह पीना चाहिए कि मुँह में वह कुछ क्षण रूका रहे, उसका तापमान मुँह जितना बन जाए और जीभ आदि ग्रंथियों से निकलने वाले स्रावों का उसमें समावेश हो जाए। कुछ विशेष परिस्थितियों में ही अधिक पानी पीना

चाहिए। यथा-बुखार आने पर, लू लगने पर तथा पेशाब संबंधी रोग होने पर, रक्तचाप, हृदय की धड़कन, कब्ज, पेट में जलन जैसी शिकायतें होने पर सामान्य स्थिति की अपेक्षा अधिक जल पीना उचित रहता है। इसी प्रकार उपवास के दिन भी जल अधिक पीना चाहिए।खिलाड़ियों, व्यायाम करने वाले, दूध पिलाने वाली माताओं, अधिक परिश्रम करने वालों को अधिक पानी की आवश्यकता होती है।

पानी कब पिएं

साधारणतया जब भी प्यास लगे तभी पानी पीना चाहिए। यह देखा गया है कि चौबीस घंटों में लगभग 2-3 लीटर जल का सेवन करना आयुर्वेदाचार्यों के मतानुसार श्रेष्ठ रहता है। इससे कम मात्रा में पानी पीने वाले कब्ज, बदहजमी तथा खुश्की आदि रोगों से पीड़ित हो सकते हैं। जल कम पीने से शरीर के अंदर के अनेक विष पानी में घुलकर पेशाब या पसीने के रूप में बाहर नहीं निकल पाते हैं। उषा पान अर्थात् प्रातः काल जल सेवन का विधान भारतीय ऋषि-महर्षियों की एक ऐसी अनूठी खोज है, जिसके नियमित प्रयोग से हमारे पूर्वज दीर्घ आयु प्राप्त किया करते थे। इसी खोज को जापान के चिकित्सा विज्ञानियों ने भी सराहा है।

उषा पान अर्थात् प्रातः काल सबसे पहले जल के सेवन से व्यक्ति रोग मुक्त रहता है। साथ ही दीर्घायु को प्राप्त करता है। आजकल अधिकतर लोग अपने दिन का आरंभ चाय पीने के साथ करते हैं। प्रातः काल सोकर उठते ही बैड टी लेने वाले लोग अम्लता, स्मृति दौर्बल्य, अमाशय व्रण जैसे घातक रोगों की चपेट में आ जाते हैं, जबकि तांबे के पात्र में रखे जल की आधा लीटर मात्रा पीने से कब्ज तथा बवासीर जैसे रोग भी दूर हो जाते हैं। नवीन अनुसंधान भी यही दर्शाते हैं कि प्रातः काल ठंडे जल के प्रक्षालन से नेत्र ज्योति में आशातीत बढ़ोतरी होती है तथा नेत्र रोग भी नष्ट होते हैं।

पानी कब नहीं पिएं

भोजन करने के तुरन्त पहले या तुरन्त बाद जल नहीं पीना चाहिए। इससे पाचक रसों का भोजन में सम्मिश्रण ठीक नहीं हो पाता। पानी पीकर तुरन्त पेशाब भी नहीं करना चाहिए तथा पेशाब करके तुरन्त पानी नहीं पीना चाहिए। इससे पाचन तंत्र तथा गुर्दे कमजोर पड़ जाते हैं। अतः 5-10 मिनट आगे पीछे जल पिएं। चिकनी-चीजें, दूध-मलाई, मक्खन-घी तथा मेवा, भुने चने, फल-मिठाई आदि खाने के बाद भी जल न पिएं। स्वास्थ्य विज्ञान की दृष्टि से सोकर उठने पर चाहे दिन या रात तुरन्त पानी

नहीं पीना चाहिए। इसी प्रकार व्यायाम् या कठिन परिश्रम से आने के तुरन्त बाद भी जल नहीं पीना चाहिए।

पानी पीने की विधि

जैसा कि विदित है हर कार्य को करने के पीछे एक अलग सोच रहती है। उसे निष्पादित करने का एक अलग ढंग होता है, चाहे वो प्रतिदिन होने वाले कार्य हो या किसी अवसर विशेष पर सम्पन्न होने वाले कार्य हो। हमारे मनीषियों ने बड़े ही सोच समझकर, लंबे अनुभव एवं अध्ययन के बाद दैनिक जीवन की क्रियाओं से संबंधित शैलियाँ विकसित की थी जिनके पीछे बहुत गहरी वैज्ञानिक सोच रही है। ऐसी ही हमारी संस्कृति में पानी पीने के लिए विकसित की गई शैली है – ओक। हमारी संस्कृति के अनुसार विधि विशेष से किया गया भोजन ही विशेष रस दे सकता है वैसे ही इस तरीके से ग्रहण किया गया जल स्वास्थ्य के लिए अच्छा रहता है।

जल हमेशा होठों को स्पर्श कराते हुए धीरे-धीरे पीना चाहिए। पानी पीते समय स्वच्छता अवश्य रखनी चाहिए। हाथों को अच्छी तरह साफ करके एक हाथ की हथेली को होठों से सटाकर अथवा दोनों हाथों की हथेली को होठों से सटाकर ओक से (चित्र 9.1) पानी पिया जाए तो थोड़े से पानी से ही अधिक तृप्ति होती है।जल कभी हड़बड़ी में नहीं पीना चाहिए। शैय्या पर लेटे हुए, रास्ते में पैदल चलते-चलते, घर में भी इधर-उधर घूमते हुए, उचक कर चलने वाले वाहन ऊँट, घोड़ा, मोटर साइकिल, साइकिल आदि पर बैठे-बैठे, हँसते हुए, बात करते हुए एवं बिना ध्यान दिये पानी नहीं पीना चाहिए। प्यास के निवारण की प्रक्रिया पानी के होठों के छूने के साथ ही आरंभ हो जाती है। साथ ही तन्मय होकर पूरे ध्यानपूर्वक पीया गया पानी उचित मात्रा में व्यवस्थित रूप से उद्देश्य सहित शरीर में पहुंचकर लाभ ही प्रदान करता है। अतः पानी पूर्ण स्वच्छतापूर्वक, पूर्ण मनोयोग से, आवश्यकतानुसार बैठकर पीना चाहिए।

ओक लगाकर पानी पीने से यह सम्पूर्ण मुख के अंदर घूमता हुआ आगे जाता है। जिससे मुंह की एवं दांतों की सफाई हो जाती है तथा गले को भी किसी तरह का नुकसान नहीं होता क्योंकि पानी धीमी गति से जाता है, जबकि ऊपर से डालने पर पानी की धार सीधे कंठ से ही टकराती है जिससे कभी भी कंठ में उपस्थित नाजुक झिल्लियों को नुकसान पहुंच सकता है। ओक विधि से पानी का पूर्ण स्वाद के साथ सेवन किया जाता है व पीने के बाद आनंद व राहत महसूस होती है। इसे ही "आकंठ तृप्ति" कहते हैं जबकि सीधे पानी पीने से पानी का स्वाद नहीं लिया जा सकता है तथा न ही पीने की इच्छा समाप्त होती है।

चित्र 9.1. ओक विधि से जल ग्रहण

प्यास और शरीर में जल का संतुलन

हमारे मस्तिष्क में प्यास पर नियंत्रण रखने वाला केन्द्र मस्तिष्क के हाइपोथैलेमस नाम के हिस्से में स्थित होता है। हमारे शरीर में जब जल कोशिकाओं के बाहर विद्यमान शारीरिक द्रव की आयनिक सान्द्रता बढ़ जाती है तो हाइपोथैलेमस में प्यास को नियंत्रित करने वाले हिस्से की कोशिकाओं का निर्जलन प्रारंभ हो जाता है। इसी के फलस्वरूप पानी पीने की इच्छा उत्पन्न होती है तथा इसी को प्यास लगना कहते है। इसे हम इस तरह भी कह सकते हैं कि प्यास वह संवेदना है जो शरीर के लिये आवश्यक जल की मात्रा की मांग करती है तथा शरीर में पानी का उचित संतुलन बनाए रखती है। शरीर में जल का यह संतुलन गुर्दों की सहायता से बनाए रखा जाता है। तथा शरीर में जल संतुलन रखने की प्रक्रिया में नमक या लवण की महत्वपूर्ण भूमिका होती है। जैसा कि विदित है शरीर में जल सोडियम-पोटैशियम का संतुलन बनाए रखने में भी महत्वपूर्ण उत्तरदायित्व निभाता है।

शरीर से बेकार तथा जहरीले पदार्थों को शरीर से बाहर निकाल फेंकने की जिम्मेदारी गुर्दों पर होती है परन्तु गुर्दे अपने इस कार्य को बहुत अच्छी तरह तभी कर

सकते हैं जब ये बेकार तथा विषैले पदार्थ पर्याप्त मात्रा में जल के साथ मिलकर तनु हो जाएं। विषैले पदार्थों की सान्द्रता अधिक बढ़ने पर गुर्दे उन्हें बाहर निकालने में असमर्थ हो जाते हैं जिसके फलस्वरूप शरीर में इन पदार्थों का जमाव बढ़ जाता है, इससे शरीर में होने वाली विभिन्न क्रियाओं में व्यवधान उत्पन्न होने लगता है और बहुत ही उग्र स्थिति में व्यक्ति की मृत्यु भी हो सकती है।

नमक में विद्यमान सोडियम को भी यदि पर्याप्त पानी में घोलकर पतला न किया जाता रहे तो अधिक मात्रा में शरीर में उसका जमाव शरीर के लिये विषैला हो सकता है। यही कारण कि शरीर में सोडियम जमा होना प्रारंभ होते ही शरीर के प्रभावित अंग तंत्रिका तंत्र के माध्यम से मस्तिष्क को प्यास का संकेत भेजने लगते हैं। इसी कारण अधिक नमक खाने पर बहुत अधिक प्यास लगती है, जिसका आप सभी ने अनुभव किया होगा। कुछ विशिष्ट प्रकार का भोजन करने के बाद यथा- अधिक प्रोटीन युक्त भोजन जैसे मांस आदि अभक्ष्य चीजों को खाने के बाद अधिक प्यास लगने का एक आम उदाहरण हैं। अधिक प्रोटीन युक्त भोजन में विद्यमान नाइट्रोजन से शरीर में यूरिया बनता है। यूरिया को शरीर से बाहर निकाल फेंकने से पूर्व उसके घोल को पतला करना आवश्यक होता है तथा इसी कारण से हमें अधिक प्यास लगती है।

जल चिकित्सा

हमारे वैदिक ग्रंथों में तथा आयुर्वेद में भी जल को सब रोगों की दवा की संज्ञा दी गई है। यद्यपि रोग निदान की कई प्रकार की चिकित्सा पद्धतियाँ उपलब्ध हैं, परन्तु इन सभी में जल चिकित्सा यानि 'वाटर थेरेपी' का महत्वपूर्ण स्थान है। इस पद्धति को अपनाने से हमें आर्थिक लाभ भी प्राप्त होता है। तथा किसी भी प्रकार का पश्च प्रभाव भी नहीं होता है। निम्नलिखित रोगों में जल चिकित्सा अधिक लाभकारी देखी गई है।

1. शरीर के किसी अंग पर मोच आने की दशा में उस अंग को लगभग आधे घंटे पानी में डुबोकर रखना चाहिए क्योंकि मोच आने पर आंतरिक रक्त स्राव होता है। उस अंग का तापमान पानी द्वारा कम कर देने से रक्त स्राव कम पड़ जाता है।

2. गले को अंदर से साफ करने में पानी काम आता है। गुनगुना पानी पीने से खांसी कम हो जाती है तथा जलन भी कम होती है। जुकाम के कारण यदि नाक बंद हो जाए तो उबले हुए पानी में विक्स डालकर नाक से भाप लेने पर नाक खुल जाती है।

3. ठंडे पानी का यह गुण है कि यह रक्त के बहाव को धीमा कर देता है। अतः गर्मियों में जब नाक से रक्त निकले तो सिर को नीचा करके ठंडा पानी डालना चाहिए। इससे रक्त प्रवाह बंद हो जाता है।

4. दस्त हो जाने पर शरीर में पानी के साथ-साथ सोडियम लवण की भी कमी हो जाती है। इसके लिए पानी में एक छोटी चम्मच चीनी तथा एक चौथाई नमक डालकर बार-बार लेते रहना चाहिए। इससे ऊर्जा भी मिलती है तथा लवण की आपूर्ति भी होती है।

5. यदि आंख में कोई रसायन गिर जाये तो उसे तत्काल ठंडे पानी से धोना चाहिए। इससे रसायन पानी में घुलकर बाहर आ जाता है तथा आंख सुरक्षित हो जाती है। इसी तरह से आंख में यदि धूल का कण या मच्छर किसी कारणवश गिर जाए तो हमें आंख को मलना नहीं चाहिए वरन् धो लेना चाहिये।

6. पानी से किए जाने वाले उपचारों में कटिस्नान अत्यन्त महत्वपूर्ण है। प्रसिद्ध जल चिकित्साविद् "लुई कूने" ने अपनी प्रसिद्ध पुस्तक न्यू साइंस ऑफ हीलिंग में इस स्थान का विस्तृत वर्णन किया है। कटिस्नान से शरीर में एकत्रित विजातीय पदार्थ शरीर से बाहर निकलते हैं, इससे कमजोर आंतों को बल मिलता है, पुराना बुखार, कब्ज, गैस, मोटापा, बवासीर, डायरिया, स्वप्नदोष एवं स्त्रियों के मासिक धर्म संबंधी रोगों में आराम मिलता है।

7. जापान सिकनेस एसोसिएशन द्वारा भी जल चिकित्सा पद्धति पर अनुसंधान किए गए हैं तथा उन्होंने भी सिरदर्द, जोड़ों का दर्द, मोटापा, खांसी, दमा, जिगर विकास एवं माहवारी विकार में भी इस चिकित्सा पद्धति से आशातीत सफलता अर्जित की है।

8. अजीर्ण होने पर जल का उपयोग औषधि रूप होता है और जीर्ण में बलप्रद होता है। इसी प्रकार आधे भोजन के बीच जल अमृत का कार्य करता है तथा भोजन के तत्काल पश्चात् जल विष का कार्य करता है।

9. ठंडे सुहाते पानी में स्नान करने से रक्त वाहिनियों में उत्तेजना आती है। इसी कारण से प्रायः स्नान करने के तुरन्त बाद भूख लगती है। पसीने को साफ कर रोमकुप खुलने से शरीर स्वस्थ रहता है।

प्रायः लोगों में यह मिथ्या धारणा घर किए रहती है कि शीतल पेय पदार्थ जल की कमी को दूर करने में सहायक सिद्ध हो सकते हैं जबकि ऐसा नहीं है। वास्तव में तो ये पेय पदार्थ मूत्रवर्धक हैं, जो शरीर में पानी की कमी दूर करने के बजाए पानी को

नष्ट करते हैं। मूत्रवर्धक पेय पदार्थों में एल्कोहल युक्त सभी पेय तथा कैफीन युक्त चाय, काफी, एवं शीतल पेय आते हैं। शरीर में जल की कमी को दूर करने का सबसे अच्छा तरीका सादा जल पीना है अथवा सब्जियों या फलों का रस लेना है।

प्रायः यह देखा गया है कि नवजात शिशुओं तथा बुढ़ों को निर्जलीकरण (डिहाइड्रेशन) का खतरा अधिक रहता है। अतः बच्चों को सदैव नियमित अंतराल से जल पिलाना चाहिए तथा बुढ़ों को भी हमेशा सादा पानी पीने के लिये प्रोत्साहित करना चाहिए। सर्दी के मौसम में जब हवा शुष्क रहती है तब आपको लग सकता है कि पसीना नहीं आ रहा है, परन्तु ऐसी बात नहीं है, पसीना आता है। पसीने का निकलना आपके शरीर की मूलभूत शीतलीकरण की यांत्रिक क्रिया है। यहाँ तक कि जब आप तेजी से श्वसन क्रिया करते हैं तब भी ढेर सारी नमी समाप्त होती है। तथा हमारा ध्यान इसकी ओर नहीं जाता हैं। अत्यधिक सर्दी के दौरान हमारे श्वसन क्रिया के दौरान जो धुएँ जैसा दिखता है, उसमें जल की ही बूंदे रहती है। इसी प्रकार गर्भावस्था में महिलाओं को अधिक पानी की आवश्यकता होती है, चूंकि गर्भावस्था में महिलाओं के रक्त का आयतन बढ़ जाता है, जिससे उसके शरीर में पानी की आवश्यकता बढ़ जाती है। यदि महिला थोड़ी अस्वस्थ है तो उसकी यह आवश्यकता और भी बढ़ जाती है। अतः सारांश के रूप में यह कहा जा सकता है कि मनुष्य के जीवन की सभी अवस्थाओं एवं सभी ऋतुओं में पर्याप्त जल सेवन उसके स्वस्थ जीवन के लिये आवश्यक है।

अध्याय -10

वैदिक शास्त्रों में जल की उपादेयता

हमारे वैदिक ग्रन्थों में जल की उत्पत्ति, जल का महत्त्व, गुण, जल के भेद, जल से सृष्टि, विविध धातुएँ, उनके विविध उपयोग, जल और रत्नों का औषधि के रूप में उपयोग आदि का वर्णन मिलता है। अथर्ववेद में उल्लेख है कि जल में अग्नि (Oxygen) और सोम (Hydrogen) दोनों है। वेदों में ऑक्सीजन के लिए अग्नि, मित्र, वैश्वानर अग्नि, और मातरिश्वा आदि शब्दों का प्रयोग हुआ है तथा हाइड्रोजन के लिये सोम, जल, आपः, सलिल, वरुण आदि शब्दों का प्रयोग हुआ है।

वेदों में जल के अनेक आश्रय बताए गए हैं। इन प्राप्ति स्थानों के आधार पर जल के अनेक भेदों का उल्लेख हैं। विविध जलों के ये नाम दिए गए हैं-

(1) धन्वन्य - रेगिस्तान या रेतीले प्रदेश से प्राप्त जल। (2) अनूप्य - जलीय स्थान या गड्ढे वाले स्थानों से प्राप्त जल। (3) खनित्रिम - खोदे हुए कुएँ आदि का जल। (4) वार्षिक या वर्ष्य - वर्षा का जल। (5) हैमवत - हिमालय पर्वत से निकली नदियों का जल। (6) उत्स्य - स्रोतों या सोतों से निकलने वाला जल। (7) सनिष्यद - निरन्तर बहने वाला जल। (8) सैन्धव - नदियों से प्राप्त होने वाला जल। (9) समुद्रीय - समुंद्र से प्राप्त होने वाला जल (अथर्व 1.6-4, 19.2.1, 1.4.3) इनमें वर्षा के जल को अत्युत्तम माना गया है।

वायु जल का आश्रय है। वायु के साथ जल इधर से उधर आकाश में जाता है। जल औषधियों में भी है तथा जल के कारण औषधियों में वृद्धि होती है। अभ्र या बादल जल के भस्म या साररूप है। विद्युत जल का प्रकाश है तथा जल से ही विद्युत की उत्पत्ति है। पृथ्वी जल का आश्रय स्थान है (अयन) तथा प्राण जल का सूक्ष्म रूप (अर्णव) है। वाणी में सरसता और जीभ में गीलापन जल के कारण है। आंखों में तेज, दर्शन शक्ति जल के कारण है। कान में जल की सूक्ष्म मात्रा न होने पर बहरापन आ जाता है। द्युलोक जल का निवास स्थान है, अंतरिक्ष में जल व्याप्त है, समुद्र जल का आधार है तथा इससे ही जल भाप बनकर वर्षा के रूप में पृथ्वी पर आता है। जल

का उच्छिष्ट भाग रेत हैं। अन्न का आधार जल या वर्षा है। अतः जल को अन्न का कारण कहा गया है। जल के गुणों का विवेचन शतपथ ब्राह्मण (7.5.2.46 से 60) में दिया गया है।

भारतीय संस्कृति में जल का महत्त्व सर्वाधिक है तथा कोई भी शुभ कार्य जन्म से मृत्यु पर्यन्त जल के बिना सम्पन्न नहीं होता है। हमारे यहाँ नदियों को जीवनदायिनी माना जाता है। हमारे वैदिक ऋषि भी आराधना करते हैं -

"शुद्धा न आपस्तन्वे क्षरन्तु"

अर्थात् हमारे शरीर के लिये शुद्ध जल प्रवाहित होते रहें। इसी प्रकार ऋग्वेद में जल की प्रार्थना की गई है-

"आपोहिष्टा मयोभुवस्ता न ऊर्जे दधातन, महेरणाय चक्षसे"

अर्थात् जल हमें सुख दें, सुखोपयोग के लिये पुष्ट करें, बड़ा करें तथा दृढ़ करें। हम आपसे अन्नादिक वरणीय पदार्थों के स्वामी मनुष्य के रक्षक और रोगमात्र की औषधि जल की याचना करते हैं।

शुद्ध जल मनुष्य को दीर्घायु प्रदान करता है, प्राणों की रक्षा करता है। जल हमारे लिए कल्याणकारी हो, इसकी प्रार्थना ऋग्वेद की अधोलिखित ऋचा में की गई है।

"शंनो देवीरभिष्टय आपो भवन्तु पीतये। शं योरभि स्रवन्तुनः।

(ऋग्वेद 10/9/4)

शुद्ध जल मनुष्य के स्वास्थ्य के लिये कितना आवश्यक है, इसका विवेचन अथर्ववेद में इस प्रकार किया गया है-

"इमा आपः प्र भराम्ययक्ष्मा यक्ष्मनाशनीः।
गृहानुप प्रपसीदाम्यमृतेन सहाग्निना॥

(अथर्ववेद 3/12/9)

अर्थात् अच्छे प्रकार से रोग रहित तथा रोगों का नाश करने वाला जल लाता हूँ। शुद्ध जल के पान से यक्ष्मा (टी.बी.) आदि का नाश होता है। अन्न, दूध, घी आदि सामग्री तथा अग्नि सहित घरों में मेरा भी महत्वपूर्ण स्थान है।

इसी प्रकार कृषि कार्यों में जल का महत्व बताते हुए ऋग्वेद में उल्लेख मिलता है-

"तस्मा अरं गमाम वो यस्य क्षयाय जिन्वथ।
आपो जनयथा च नः **(ऋग्वेद** 10/9/3)

अर्थात् हे जल। आप अन्न की प्राप्ति के लिए उपयोगी होवें। जल पर ही जीवन एवं नाना किस्म की औषधियाँ, वनस्पतियाँ एवं अन्नादि पदार्थ निर्भर है। आप औषधि स्वरूप हैं। किसानों के नेत्र जल के लिए ही वर्षा ऋतु में बादलों पर ही लगे रहते हैं। अन्न के बिना तो जीवन असंभव है।

जल को हमारे पुरातन साहित्य में सौन्दर्य तथा कोमलता एवं कान्ति बढ़ाने में औषधि रूप माना गया है। भोजन के पचाने में जल का विशेष महत्त्व है, इसके लिये अथर्ववेद में उल्लेख मिलता है -

आपो भद्रा घृतीमदाय आसन्नगीषोमौ विभद्रत्याप इताः।
तीव्रो रसो मधपृचामरगम आमा प्राणेन सह वर्चसागमैतो ॥

अर्थात् जल मंगलमय तथा घी की तरह पुष्टि देने वाला है। वही मधुरता भरी जलधाराओं का स्रोत भी है। भोजन को पचाने में अर्थात् पाचन क्रिया में वही तीव्र रस है। प्राण और कान्ति, बल तथा पौरुष देने वाला, अमृतत्व की ओर ले जाने वाला मूल तत्त्व है।

अथर्ववेद की एक अन्य ऋचा में कहा गया है कि जल से देंखने, सुनने तथा बोलने की शक्ति प्राप्त होती है।

आदित्पश्याम्युत वा शृणोम्या माधोपो गच्छति वाङ्मासाम्।
मन्ये भेजानो अमृतस्य तर्हि हिरण्यवर्णां अतृपं यदावाः ॥

(अथर्ववेद 3/13/6)

अर्थात् देखने, सुनने तथा बोलने की शक्ति बिना पर्याप्त जल के उपयोग के नहीं आती। जल ही जीवन का आधार है। अधिकांश जीव जल में ही जन्म लेते हैं तथा उसी में रहते हैं। हे जलधारा मेरे निकट आओ। आप अमृत हो।

इसी प्रकार ऋग्वेद के रोग-निवारण सूक्त में जल को रोगों से दूर भगाने वाला माना गया है जिसका उल्लेख निम्न श्लोक में है -

आप इदाउभेषजीरापो अमीवचातनी।
आपः सर्वस्य भेषजीस्तास्ते कृणवन्तु भेषजम्॥

जल निस्सन्देह औषधि है। जल रोग दूर करने वाला एवं जल सभी रोगों की औषधि भी है। वहीं जल आपके लिये औषधि बनाये।

महर्षि वेदव्यास ने बताया कि जल हमारे लिए शिक्षा का प्रेरणा स्रोत है। अतः हमें इससे शिक्षा लेनी चाहिए।

आत्मप्रदानं सौम्यत्वमद्भ्य श्चैवोपजीवनम्

(महाभारत 78/79)

परहितार्थ आत्मदान, सौम्यत्व तथा दूसरों को जीवनदान की शिक्षा जल से लेनी चाहिए।

जल के उपयोग हेतु किसी को रोकना नहीं चाहिए क्योंकि जल प्राणियों का जीवन है।

जीवनं जीविनां जीवो जगत् सर्व तू तन्मयम्।
नाऽतोऽयन्तनिषेधेऽपि कदाचित् वारि वार्यते॥ (भाव प्रकाश)

जल प्राणियों का जीवन है तथा सारा संसार ही जलमय है। अतः निषेध होने पर भी कभी पानी नहीं रोकना चाहिए।

तृष्णा गरीयसी धोरा सद्यः प्राणविनाशिनी।
तस्माद् देयं तृषार्ताय पानीयं प्राणधारणम्॥

(भावप्रकाश)

प्यास बहुत भयंकर एवं तुरंत प्राणविनाशिनी होती है। अतः जीवन धारण करने के लिये प्यासे व्यक्ति को जल देना चाहिए। हमें जल के अपव्यय को भी रोकना चाहिए।

जिस जल वैज्ञानिक चक्र पर हमारा पूरा जल विज्ञान निर्भर है, उसका वर्णन वेदों में कई स्थानों पर आया है।

आदह स्वधामनु पुनर्गर्भत्वमेरिरे। दधाना नाम यज्ञियम्॥

(ऋग्वेद 1/6/4)

अर्थात् जल जो सूर्य के ताप से छोटे-छोटे कणों में विभक्त हो जाता है, वह वायु द्वारा ऊपर बादलों में परिवर्तित होकर पुनः बार-बार वर्षा के रूप में गिरता है।

जल चक्र के बारे में वेदों में इस बात को दोहराया गया है कि सूर्य एवं वायु द्वारा जल वाष्प के रूप में आकाश में मेघ बनता है और फिर वर्षा के रूप में पृथ्वी पर आता है।

समन्या यन्त्युपयन्त्यन्याः समानमूर्वं नद्यस्पृणान्ति।
तम् शुचि शुचयो दीदिवा समपान्नपातमुप पन्त्यायः॥

(साम. पूर्वार्चिक 6/607)

इसी प्रकार विभिन्न प्रकार के जलों का वेदों में बड़ा ही कल्याणकारी वर्णन है-

शं न आपो धन्वन्याः शमु सन्त्वनूप्याः शं नः खनित्रिमा
आपः शमु याः कुम्भ आभृताः शिवा नः सन्तु वार्षिकीः

(अथर्ववेद 1/6/4)

हमारे लिए मरूदेश का जल सुखकारक हो, जलपूर्ण प्रदेश के लिये सुखकारक होवें, घड़े में भरा जल सुखदायक हो, वृष्टि का जल सुखदायक हो।

वेदों में जल की गुणवत्ता को रखने के लिए, वातावरण को शुद्ध रखने के लिए एवं पर्यावरण को ठीक रखने के विभिन्न उपाय जैसे पेड़ लगाना, वनों की रक्षा और यज्ञों का विधान है-

प्र वाता वान्ति पतयन्ति विद्युत उदोषधीर्जिहते पिन्वते स्वः
इरा विश्वस्मै भुवनाय जायते यत् पर्जन्यः पृथिवी रेतसावति ।।

(ऋग्वेद 5/83/4)

सिंचाई हेतु पृथिवी पर सृष्टिक्रम से प्राकृतिक रूप से वर्षा द्वारा सिंचाई का कार्य होता आ रहा है। अतः वेदों में कहा गया है-

निकामे-निकामे नः पर्जन्यो वर्षतु

(यजुर्वेद 22/22)

अर्थात् हम जब-जब इच्छा करें, मेघ, जल की वर्षा करें। अब जो इस विद्या में कुशल हों, उन्हें देश एवं राष्ट्र का सम्मान करना चाहिए। इसी प्रकार ऋग्वेद (1/23/8, 5,32,2) के मंत्रों में कहा गया है कि सिचाई कुएँ और तालाबों के जल से हो सकती है। ऋग्वेद के मंत्र (8/3/10) में नहरों द्वारा मरूस्थल को सींचने की व्यवस्था है, जो कुशल इंजीनियर द्वारा संभव हैं।

येना समुद्रमसृजो महीरपस्तदिन्द्र वृष्णि ते शवः।
सद्यः सो अस्य महिमा न संनशे यं क्षोणीरनुचक्रदे ।।

(ऋग्वेद 8/3/10)

अथर्ववेद के मंत्र (12/1/31) में बताया गया है कि जो वर्षा का जल, नदी, कुएँ और नहर आदि में नौ-संचालन, जलक्रीड़ा तथा कृषि आदि के लिये प्रयोग करते हैं, वे सदैव उन्नति करते हैं। अथर्ववेद के मंत्र (19/2/1) में बताया गया कि पर्वत, कूप, नदी और वर्षा के जल का उचित प्रबन्ध पीने, कृषि, एवं उद्योगों के लिये करना चाहिए।

यस्या समुद्र उत सिन्धुरापो यस्मामन्नं कृष्टय: संबभूक: ।
यस्यामिदं जिन्वति प्राणदेजत् सा नो भूमि: पूर्वपेये दधातु ॥

(अथर्ववेद 12/1/31)

शं त आपो हैमवती: शमु ते सन्तूत्स्या: ।
शं ते सनिष्यदा आप: शमु ते सन्तु वर्ष्या: ॥

(अथर्ववेद 19/2/1)

वैदिक काल में आर्यों को नदियों की सहायता से क्षेत्रों के ढालों का ज्ञान था ।

एते सोमा अति वाराण्यव्या दिव्या न कोशासो अभ्रवर्षा: ।
वृथा समुद्रं सिन्धवों न नीचीं: सुतासो अभिकलशां असृग्रन ॥

(ऋग्वेद 9/88/6)

इसी प्रकार विभिन्न अवस्थाओं में नदी के स्तर एवं गति का ज्ञान भी वेदों में निहित हैं । अथर्ववेद में कहा गया है कि यदि नदी का उद्‌गम पर्वत में हो तो नदी बारहमासी होगी तथा जल की गति भी तीव्र होगी ।

ये नदीनां संस्त्रवन्त्युत्सास: सदमक्षिता:

(अथर्ववेद 1/15/3)

यजुर्वेद में कहा गया है कि जल को दूषित नहीं करना चाहिए तथा वृक्ष -वनस्पतियों को नुकसान नहीं पहुँचाना चाहिए । इसी प्रकार एक अन्य मंत्र में भी कहा गया है कि जल को शुद्ध रखो, पौष्टिक गुणों से युक्त करो और औषधियों को जल से सींचकर सुरक्षित रखो ।

मा ऽपो हिंसी:, मा-ओषधीर्हिंसी: । (यजुर्वेद 6.22)

अप: पिन्व, ओषधीर्जिन्व । (यजुर्वेद 14.8)

ऋग्वेद के एक मंत्र में कहा गया है कि नदियों आदि के जल को प्रदूषण मुक्त रखने का उपाय है -यज्ञ । यज्ञ की सुगंधित वायु जल के प्रदूषण को नष्ट करती है ।

अपो देवी:....सिन्धुभ्य: कर्त्वं हवि: ।

(ऋग्वेद 1.23.18)

आज चारों ओर प्रदूषण का बोल-बाला है तथा हमारे प्राकृतिक संसाधन जिसमें जल भी एक घटक है, प्रदूषित हो रहा है । इस प्रदूषण को प्रभावी करने में मानवीय

कारक भी होते हैं। हमारे प्रसिद्ध ग्रंथ पद्मपुराण में पुरातनकाल से ही वर्णित है कि नदियों में कचरा डालना तो अलग रहा वरन् इनमें दातुन करना, जल में थूकना, मूत्र करना, कूड़ा-करकट डालना, गंदे पदार्थ डालना वर्जित कर रखा है। गंगा नदी जो बहुत पवित्र थी, अब प्रदूषित हो चुकी है, के संदर्भ में लिखा गया है -

न दन्तधावनं कुर्यात गंगा गर्भे विचक्षिणः।
परिधयाम्बराम्बूनि गंगा स्रोतसि न त्यजेत॥

मूत्रं वाऽथ पुरीषं वा गंगातीरे करोति यः।
न दृष्टा निष्कृतिस्तस्य कल्पकोटिशतैरपि॥

उच्छिष्ठं कफकं चैव गंगागर्भे च यस्त्यजेत।
स याति नरकं घोरं ब्रह्महत्यां न विन्दति॥

(पद्मपुराण कि.यो. 88/10)

अतः निस्सन्देह कितनी मार्मिक एवं विज्ञान सम्मत हैं हमारी वैदिक परम्पराएँ। आज आवश्यकता है उन पर मात्र चिन्तन एवं क्रियान्वयन की।

विश्व की दूसरी प्राचीन सभ्यताओं में जल

भारत के अतिरिक्त विश्व की दूसरी सभ्यताओं में भी पानी की महत्ता का व्यापक वर्णन मिलता है। आज के ईराक के नजदीक स्थित दजला और फरात नदियों के किनारे बसी हुए मेसोपोटामिया की सभ्यता प्राचीन सभ्यताओं में से एक है। इस सभ्यता में हमें ईसा से दो हजार साल पहले की बातों का लिखित रिकार्ड मिलता है। इन लोगों की मान्यता थी कि नम्मू समुद्र की देवी थी और उसी ने स्वर्ग और धरती को जन्म दिया। उनके अनुसार नम्मू पानी के देवता की मां थी।

अन्य धर्मों में भी जल का महत्त्व

यहूदी-ईसाई परंपरा के अनुसार सृष्टि की रचना ईश्वर ने की। उन्होंने पृथ्वी को स्वर्ग से अलग करने के लिये पानी की रचना की। मिलेटस के थेलीज (अ. 636-546 ई.पू.) प्राचीन यूनान के आयोनियन शहर के निवासी थे। वे यूनानी परंपरा के पहले जाने माने दार्शनिक और वैज्ञानिक थे। उनका मत था कि पूरी सृष्टि के मूल में पानी की अहम भूमिका होती है। उनका विश्वास था कि धरती पानी के ऊपर तैर रही है और सभी चीजें पानी से ही उत्पन्न होती है, और पानी की बनी होती है। उनके कथनानुसार - "यह पानी ही है जो विभिन्न रूपों में, धरती, आकाश, नदियों, पर्वत, देवता और मनुष्य, पशु और पक्षी, घासपात, पेड़ पौधों और जीव-जंतुओं से

लेकर कीड़े मकोड़ों तक में मौजूद है। इसलिये पानी पर चिंतन मनन करो।'' यद्यपि उनका यह कथन अतिरंजित लग सकता है, लेकिन वास्तव में देखा जाये तो जल सब जगह है। समुद्र में पाये जाने वाले जीवों के कुल भार का 95-97 प्रतिशत तक पानी होता है। मनुष्य के एक महीने के भ्रूण के कुल भार का 93 प्रतिशत पानी होता है। इस तरह हम देखते हैं कि जल हर सजीव का मुख्य घटक है।

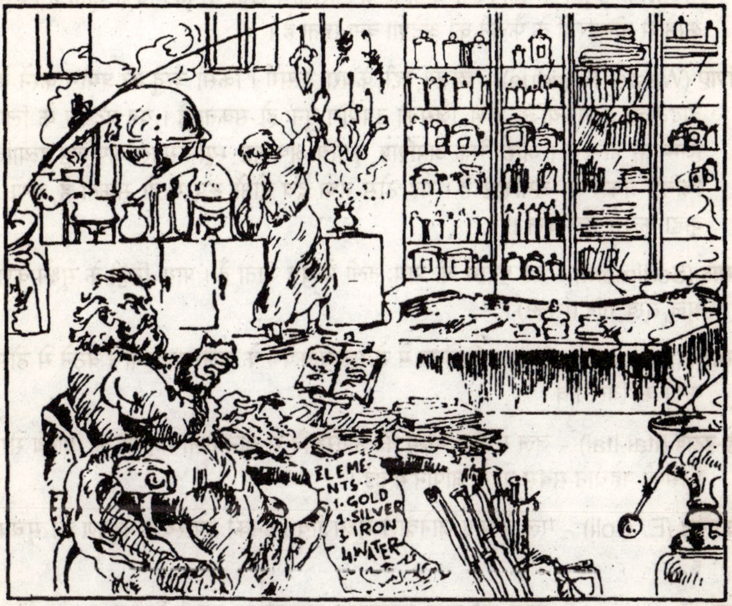

चित्र 10.1. कीमियागारों की जल संबंधी अवधारणा

पंच महाभूत जैसी मान्यता सिर्फ भारतीय संस्कृति तक ही सीमित नहीं है। यूनान के विख्यात दार्शनिक अरस्तू (384-322 ई.पू.) का विचार था कि प्रकृति के चार प्रमुख घटकों में धरती, हवा और अग्नि के साथ एक घटक पानी भी होता है। उनका मानना था कि सजीव वस्तुएं निर्जिव वस्तुएं से उत्पन्न हुई है। कीमियागर जो कि पुराने समय के रसायनज्ञ थे और सामान्य धातुओं को सोने में बदलने पर काम करते थे, वे भी जल को एक तत्त्व मानते थे। (चित्र 10.1)

पारिभाषिक शब्दावली

अनुपचारित मल-जल (Untreated Sewage) - कच्चा मल-जल, जिसे बिना साफ किए नदियों या समुद्रों में बहा दिया जाता है या फिर सीधे खेतों में बहने दिया जाता है। ऐसा करने से बीमारियों के फैलने का अंदेशा बना रहता है।

अपशिष्ट (Waste, Residue) - छीज़न, रद्दी, कचरा, उत्सर्ग। किसी वस्तु का प्रयोग करने के बाद बचा हुआ त्याज्य अंश, जिसका उपयोग पुनः हो सकता है। यह प्रदूषण के लिए जिम्मेदार होता है। औद्योगिक अपशिष्ट, कृषीय अपशिष्ट, म्यूनिसिपल अपशिष्ट इत्यादि विविध प्रकार के अपशिष्ट हैं। यह ठोस तथा द्रव दोनों रूप में हो सकता है, यथा - कूड़ा-कचरा, मल-जल।

अवसाद (Sediment) - वह पदार्थ जो प्रायः तली में बैठ जाता है। प्रायः मिट्टी के सूक्ष्म कण, धूल, राख, गाद (सिल्ट)।

अवसादन (Sedimentation) - निलंबन में से गुरुत्वाकर्षण के फलस्वरूप नीचे बैठने से ठोस कणों का विलगाव।

इटाइ-इटाइ (Itai-Itai) - जल में कैडमियम की उपस्थिति से होनेवाला मनुष्यों का अस्थि रोग जिसकी पहचान सबसे पहले जापान में हुई।

ई. कोलाइ (E. Coli) - मल में पाए जानेवाले सूक्ष्मजीव। इनकी उपस्थिति प्रदूषण की सूचक है।

उर्वरक (Fertilizers) - मिट्टी को उर्वर बनानेवाले रासायनिक पदार्थ विशेषतया नाइट्रोजन, फास्फोरस तथा पोटैशियम के यौगिक। खादों से भिन्न।

ऊर्णन (Coagulation) - निलंबित कणों को रसायनों के द्वारा अवसादित करने की क्रिया। प्रायः एल्युमिनियम सल्फेट या फेरस सल्फेट का प्रयोग इस क्रिया के लिए किया जाता है।

औद्योगिक अपशिष्ट (Industrial waste) - विभिन्न उद्योगों से निकला कचरा। यह गैस, द्रव या ठोस किसी भी रूप में हो सकता है।

ऋणायन (Anion) - ऋण आवेश (चार्ज) से युक्त आयन; यथा - फ्लोराइड (F^-), नाइट्रेट (NO_3^-) आदि।

कठोरता (Hardness) - जल का वह गुण जिसके कारण साबुन के साथ झाग नहीं उठता। यह जल में धुले लवणों के कारण होता है।

कैंसरजनी (Carcinogenic) - कैंसर उत्पन्न करने वाले कार्बनिक यौगिक या धातुएँ; जैसे डी.डी.टी., पी.बी.सी., कैडमियम, क्रोमियम, आर्सेनिक आदि।

कोलीफार्म (Coliform) - मल में रहने वाले जीवाणु । जल में इनकी उपस्थिति यह बतलाती है कि जल में मल-जल आकर मिला है । निश्चित संख्या से अधिक होने पर जल स्नान तथा अन्य कार्यों के योग्य नहीं रह जाता ।

क्लोरोनीकरण (Chlorination) - अशुद्ध जल को विसंक्रमित करने के लिए उसमें क्लोरीन गैस का प्रवाहित किया जाना ।

क्षारीयता (Alkalinity) - क्षार की उपस्थिति जो उच्च पीएच द्वारा प्रदर्शित होती है । जल में चूना, सोडा आदि घुलने से क्षारीयता उत्पन्न होती है ।

खारा पानी (Brine) - वह पानी जिसमें प्रति लीटर में एक लाख मिलीग्राम से अधिक ठोस पदार्थ घुले हों । ऐसा पानी सिंचाई तथा पीने के लिए प्रयुक्त नहीं हो सकता ।

गँदलापन (Turbidity) - मटमैलापन । प्रायः जल में बालू के कण, गाद, चिकनी मिट्टी आदि निलंबित रहने से जल स्वच्छ नहीं रहता, उसके आर-पार सूर्य का प्रकाश नहीं जा सकता ।

गाद (Silt) - मिट्टी के महीन कण जो भूमि अपरदन से प्राप्त होते हैं और जल-प्रवाह द्वारा एक स्थान से दूसरे स्थान तक ले जाए जाते हैं ।

गाद भरना (Siltation) - गाद का जमा होना जिसके फलस्वरूप नदी-तट तथा बाँध उथले पड़ जाते हैं ।

घरेलू अपशिष्ट (Household residues) - घरों के झाड़ने-बुहारने से निकले हुए व्यर्थ पदार्थ; यथा - रद्दी कागज, चिथड़े, फलों के छिलके, काँच के टुकड़े, टूटे जूते आदि ।

जल (Water) - हाइड्रोजन तथा ऑक्सीजन के संयोग से बना रासायनिक यौगिक, H_2O । प्रकृति में प्राप्त जल में कुछ-न-कुछ अन्य तत्त्व मिले रहते हैं । पेयजल, स्वच्छ जल, व्यर्थ जल आदि जल के भेद जल के उपयोग के अनुसार है ।

जल उपचार (Water treatment) - अशुद्ध या प्रदूषित जल को उपयोग में लाने योग्य बनाने के लिए किये जाने वाले उपाय ।

जलकुंभी (Water Hyacinth) - तालाबों में उगने वाली एक वनस्पति । इसकी अधिक वृद्धि से मछलियाँ मरने लगती हैं, किंतु भारी धातुओं को अवशोषित करने की इसमें क्षमता है ।

जल की गुणवत्ता (Waer quality) - जल के रंग, गंध, स्वाद आदि के मानकों का वर्णन ।

जल प्रदूषण (Water Pollution) - जल में अधिक पदार्थ (या उष्मा) का मिलाया जाना, जो मनुष्यों, पशुओं तथा जलीय जीवों के लिए हानिकर हो । गुणवत्ता का ह्रास ।

जल विश्लेषक किट (Water Analysis Kit) - जल परीक्षण के लिए काम में लाया जाने वाला उपकरण, जिसे आसानी से इधर-उधर ले जाया जा सके ।

जैव ऑक्सीजन माँग (Biological Oxygen Demand) - (संक्षेप BOD बी.ओ.डी.) - कार्बनिक पदार्थों का विघटन होने के लिए सूक्ष्मजीवों को जितनी ऑक्सीजन की

आवश्यकता होती है। 20° से. ताप पर 5 दिनों तक विघटन से प्राप्त होने वाला मान। अधिक मान अधिक प्रदूषण का सूचक। सामान्य स्तर 0.75-1.5 मिग्राम/लीटर है। (टिप्पणी - यह माप है - प्रदूषक नहीं)।

जैव सूचक (Bio-indicators)- कुछ पौधे भारी धातुओं की अधिक मात्रा अवशोषित करने पर भी अच्छी वृद्धि प्रदर्शित करते हैं, अतएव उनकी उपस्थिति से उन धातुओं की उपस्थिति का पता चल जाता है।

धातु प्रदूषण (Metallic Pollution) - भारी धातु की उपस्थिति से उत्पन्न होने वाला प्रदूषण। कुछ पशुओं तथा पौधों की धातुओं के प्रति संवेदनशीलता से इसका पता लगाया जा सकता है। अधिक प्रदूषण होने से मछलियाँ मरने लगती है।

निलंबित अशुद्धियाँ (Suspended impurities) - जल प्रवाह में खरपतवार, रद्दी वस्तुओं, मिट्टी के कण आदि का उपस्थित होना। धुली हुई अशुद्धियों से भिन्न। इन अशुद्धियों से जल के रंग तथा स्वाद में अंतर आता है और सूर्य का प्रकाश अधिक गहराई तक नहीं पहुँच पाता।

पर्यावरण (Environment) - हमारे चारों और का परिवेश जिसमें भूमि, जल, वायु, वृक्ष, पशु, पक्षी सभी सम्मिलित है। पर्यावरण स्वच्छ तथा प्रदूषित दोनों ही रूपों में पाया जाता है।

पारिस्थितिक तंत्र (Ecosystem) - वह तंत्र जिसमें वातावरण तथा जीवों के समुदाय एक दूसरे को प्रभावित करते रहते हैं।

पेय जल (Potable water) - पीने योग्य जल। इसे स्वादमय तथा गंधरहित होना चाहिए। भौम जल तथा नदी जल पेय रहे हैं, किंतु अब वे प्रदूषित होते जा रहे हैं।

पेस्टीसाइड (Pesticide) - कीटनाशी, कवकनाशी, शाकनाशी आदि के लिए प्रयुक्त होने वाला पारिभाषिक शब्द। फसलों की सुरक्षा के लिए प्रयुक्त होने वाले रासायनिक या प्राकृतिक पदार्थ। अधिक मात्रा में प्रयुक्त होने पर पर्यावरणीय प्रदूषण में सहायक।

प्रदूषक (Pollutant) - पर्यावरण को प्रदूषित करने वाले पदार्थ। द्रव, ठोस या गैसीय पदार्थ जिसकी अधिक मात्रा पर्यावरण को प्रदूषित करती है।

प्रदूषण (Pollution) - सामान्यतया गंदगी का सूचक शब्द। पर्यावरण में किसी एक या अनेक अवयवों का असंतुलन, जिससे सामान्य जीवन में बाधा पहुँचे। जल प्रदूषण, वायु प्रदूषण, ध्वनि प्रदूषण आदि विविध प्रकारों में प्राप्त। स्थिर बिंदु या विस्तृत प्रदूषण जैसे अन्य प्रकार भी ज्ञात।

प्रदूषित जल (Polluted water) - मटमैले, बदरंग, दुर्गंध एवं बुरे स्वादवाला जल।

फ्लोरोसिस (Fluorosis) - जल में फ्लोराइड की अधिक मात्रा से उत्पन्न होने वाला रोग। इससे दाँत एवं हड्डियाँ खराब हो जाते हैं।

बहिःस्राव (Effluent) - उद्योगों से निकला हुआ व्यर्थ जल जिसमें अनेक प्रकार के

कार्बनिक/अकार्बनिक यौगिक घुले रह सकते हैं। इसका निस्तारण प्रायः भूमि या नदियों, समुद्रों या झीलों में किया जाता है।

भारी धातुएँ (Heavy metals) - पाँच या इससे अधिक घनत्ववाली धातुएँ। प्ररमाणु क्रमांक 20 से ऊपरवाले तत्व। अल्प मात्रा में होने पर लेश तत्व कहलाते हैं। कैडमियम, क्रोमियम, लेड आदि मुख्य भारी धातुएँ हैं। ये विषैली होती हैं। प्रायः औद्योगिक बहिःस्रावों में उपस्थित। जल तथा स्थल के अतिरिक्त वायु को भी प्रदूषित करने में इनकी प्रमुख भूमिका रहती है।

भौम जल (Ground water) - विभिन्न गहराइयों पर मिट्टी के नीचे पाया जाने वाला जल। इसे कुआँ या ट्यूबवेल (नलकूप) द्वारा ऊपर निकालकर पीने तथा सिंचाई के काम में लाया जाता है।

मल-जल (Sewage) - वह जल जिसमें मल मिला हो। यह मल पशुओं तथा मनुष्यों दोनों ही का हो सकता है। शहरी पनालों में मल-जल ही बहता है। इसे वाहित मल-जल भी कहते हैं। इसका उपयोग सिंचाई के लिए होता है। प्रायः नदियों तथा जलाशयों को प्रदूषित करने के लिए जिम्मेदार।

मल-निपटान (Fecal disposal) - मल को ठिकाने लगाना। प्रायः नदियों झीलों या समुद्रों में मल का बहाया जाना। सेप्टिक टैंक, सीवर आदि मल निपटान के सही तरीके हैं।

मेटहीमोग्लोबैनीमिया (Methaemoglobanemia) - अधिक नाइट्रेट युक्त जल पीने से उत्पन्न रोग, जिसे साइनोसिस या बच्चो का नीला रोग भी कहते हैं।

मृदु जल (Soft Water) - 50 पी.पी.एम. से कम कठोरतावाला जल। ऐसे जल में साबुन झाग देता है। कठोर जल का उलटा।

रासायनिक अपशिष्ट (Chemical wastes) - रासायनिक उद्योगों से निकलने वाला अपशिष्ट। उर्वरक उद्योग, दवाएँ, पेस्टीसाइड, धातु-कर्म ऐसे अपशिष्टों के मुख्य स्रोत हैं।

रासायनिक ऑक्सीजन माँग (Chemical Oxygen Demand)- (संक्षेप COD सी.ओ.डी.) - कार्बनिक पदार्थों के पूरी तरह से विघटित होने के लिए आवश्यक ऑक्सीजन की मात्रा। इसकी इकाई मिग्रा/ली. है। इसका मान BOD से प्रायः अधिक होता है।

लवणीय जल (Saline water) - वह जल जिसमें घुले हुए ठोसों की मात्रा 10,000 मिग्रा/ली. से अधिक हो। ऐसा जल पीने तथा सिंचाई के लिए व्यर्थ होता है। भौम जल 1,000 मिग्रा/ली. लवण होने पर लवणीय माना जाता है।

वाहित मल-जल (Sewage) - देखें मल - जल।

विलयित ऑक्सीजन (Dissolved Oxygen - संक्षेप (D.O.) डी.ओ.) - जल में विलयित ऑक्सीजन। इसकी मात्रा 5 मिग्रा/ली.से कम नहीं होनी चाहिए अन्यथा जलीय प्राणियों पर, विशेषतया मछलियों पर बुरा प्रभाव पड़ता है।

विसंक्रमण (Disinfection) - जल में उपस्थित सभी प्रकार के घातक जीवाणुओं का हनन; यथा - क्लोरोनीकरण द्वारा।

विषाक्तता (Toxicity) - विष की उपस्थिति से उत्पन्न स्थिति। जल में कार्बनिक अथवा अकार्बनिक यौगिकों की उपस्थिति से उत्पन्न बुरा प्रभाव।

विषैले यौगिक (Toxic Compounds) - आर्सेनिक, कैडमियम, पारद, सीसा आदि के यौगिक जो जीव-जंतुओं के लिए विषैले होते हैं।

व्यर्थ जल (Waste water) - ऐसा जल जो घरेलू या औद्योगिक उपयोगों के बाद आगे काम में लाने लायक नहीं रह जाता। व्यर्थ जल की अनेक कोटियाँ संभव है।

संक्रमण (Infection) - मल से प्रदूषित जल के प्रयोग से अनेक रोगों के होने की संभावना।

संदूषण (Contamination) - जल में सूक्ष्मजीवों या रसायनों का प्रवेश।

संदूषित जल (Contaminated water) - मानव या पशु अपशिष्टों के मिल जाने से जल में रोगोत्पादकता उत्पन्न होती है; जिससे संदूषित जल व्यवहार में नहीं लाया जा सकता।

सार्वत्रिक विलायक (Universal Solvent) - सभी प्रकार की वस्तुओं को अपने विलयित करने वाला द्रव। प्रायः जल को ही सार्वत्रिक विलायक कहा जाता है।

सुधारक (Reclaiming agent) - क्षारीय या अम्लीय मिट्टीयों को खेती योग्य बनाने के लिए उनमें डाले जाने वाले यौगिक; यथा - चूना तथा जिप्सम।

सुपोषण (Eutrophication) - उच्च जैविक उत्पादकता जो झीलों या जलाशयों में नाइट्रेट तथा फास्फेट की उच्च मात्रा होने से उत्पन्न होती है।

स्वच्छ जल (Clean water) - सभी प्रकार के संदूषणों से मुक्त जल जो मानव के लिए उपयोगी है।

स्वीकार्यता (Acceptability) - जल की ग्राह्यता रंग, गंध, कठोरता जैसे गुणों पर निर्भर करती है।